FIAT LUX

CARLOS SHERMAN

FIAT LUX

O Homem, Memória do Universo

Coordenação e Produção: O AUTOR

Capa: O AUTOR

Editoração e Preparação: O AUTOR

Revisão: O AUTOR

Divulgação e Secretariado: O AUTOR

[2ª Edição (Revisão 01) - 2019]

'FIAT LUX - O Homem Memoria do Universo [Miolo] Ed 2 Rv 01.PDF'

'FIAT LUX - O Homem Memoria do Universo [Miolo] Ed 2 Rv 01.DOCX'

Dados Internacionais de Catalogação na Publicação
(Padrão CIP; Câmara Brasileira do Livro, SP, Brasil)

Sherman, Carlos

FIAT LUX – O HOMEM, MEMÓRIA DO UNIVERSO / Carlos Sherman;

organização Carlos Sherman, Araraquara : Publicação Independente, 2019.

ISBN [KDP 9781701658158 – Independently Published]

1. Ensaios Brasileiros 2. Crônicas Científicas 3. Divulgação Científica 4. Ciência e
Religião 5. Filosofia 6. Retórica 7. Ética 8. Valores Morais 9. Justiça 10. Psicologia Social
11. Psicologia Evolucionária 12. Evolução Humana 13. Genética do Comportamento 14.
Genética de Populações 15. Neurociência Cognitiva 16. Teoria do Conhecimento 17.
Psicologia 18. Sociobiologia 19. Antropologia 20. Mitologia 21. Epistemologia 22. Crenças
23. Superstições 24. Metafísica 25. História 26. História da Ciência 27. Neurofisiologia 28.
Paleantropologia 29. Etologia 30. Paleontogenética I. Título

NN-NNNN   CDD-NNN.N

Índice para catálogo sistemático:
1. Ciência: Cosmologia: Ética e Filosofia   NNN.N

FOTO CAPA:

[2019]

Todos os direitos desta edição reservados ao autor

Araraquara - SP

Telefone: +55 (16) 99799-4930 / 99175-2777 (Whatsapp)

ComSCIENTIA (www.carlossherman.com)

Dedicado à minha adorada Célia...
É o brilho no seu sorriso que justifica minha existência,
iluminando uma caminhada digna por onde denoto
uma pitada de clareza sobre a vastidão.

Estamos todos na sarjeta,
mas alguns de nós estão
contemplando as estrelas.
Oscar Wilde
(*Lady Windermere's Fan*; Lord Darlington, Act III; 1892)

Sumário

Nota do Autor: Crônicas Filosóficas e de Divulgação da Ciência

Cumpre-me esclarecer vossa curiosidade antes de quaisquer outras palavras:

FOTO DA CAPA: Nebulosa de Helix ou NGC 7293 - A Nebulosa Helix é uma 'celebridade' cósmica e merece os holofotes frequentemente apontados para si, sendo fotografada incansavelmente por astrônomos profissionais e amadores em função de sua magnificência, suas cores vivas, e a inescapável semelhança com um olho gigante. A Nebulosa de Helix foi descoberta ainda no século XVIII, está localizado a cerca de 650 anos-luz de distância da Terra, na constelação de Aquário, e pertence a uma classe de objetos chamados de 'nebulosas planetárias'. Nebulosas planetárias são complexos remanescentes de estrelas que morrem expelindo material e camadas gasosas em seu espaço no exterior; Estas camadas são aquecidas pelo calor do núcleo da estrela morta e brilham como radiação infravermelha, sendo este o caso. A luz infravermelha nas camadas gasosas externas é representada em azul e verde; a estrela remanescente, uma anã branca, está representada por um pequeno ponto branco no centro da fotografia. A coloração vermelha no meio do olho representa os resquícios finais das camadas de gás insuflados pela morte da estrela. O círculo vermelho brilhante no centro é o brilho de um disco de poeira em torno da anã branca. Todos os planetas dentro deste sistema estelar foram naturalmente pulverizados e aniquilados quando o volume da estrela moribunda foi inflado no estágio de gigante vermelha, pouco antes do cataclismo final. O nosso Sol caminha para o mesmo destino, quando cumprir o seu ciclo de vida estelar, isso em cerca de cinco bilhões de anos - estamos na meia-idade do Sol. Esta espetacular imagem foi tirada pelo telescópio espacial Spitzer.

Evoluímos *culturalmente* pelo acúmulo de conhecimento *extracorpóreo*; ou, dito de outra forma, a partir de conhecimentos *anotados* pela geração predecessora. Isso não evoca um apelo à tradição, e ao contrário; até porque, se mantido intocado o *primeiro* rito da tradição, nunca evoluiremos, estancando no primeiro passo... O objetivo deste trabalho é apaixoná-lo pelo conhecimento e pela realidade, instigando-o a contribuir nesta maravilhosa e interminável obra.

Entre 17 e 18 anos, quando ingressei no curso de Engenharia Mecânica – mais tarde convertido em Engenharia Eletrônica - na UnB em Brasília, percebi que, de certa forma, *tudo o que eu sabia parecia estar errado* - e de fato estava; e isso foi tão assustador quanto estimulante, e não recuei diante do desafio. Mas foi somente aos 23 anos, e fora de casa, enquanto estudava Estatística no IMEC [Instituto de Matemática, Estatística e Computação Científica], na Unicamp em Campinas/SP, que pude *começar a engatinhar novamente – e conto mais de 30 anos* **aprendendo a aprender**...

O conjunto das obras às quais me dedico, sob a égide de um *projeto - ComSCIENTIA -*, é o resultado desta apaixonante e abnegada jornada através de um vasto território de pesquisas multidisciplinares: *História Geral, História da Filosofia, Filosofia, Epistemologia, Sociobiologia, Antropologia, Mitologia, Climatologia, Arqueologia, Paleoantropologia, Paleogenética, Cosmologia, Astronomia, Astrobiologia, Física Clássica, Relativística, Quântica, Química, História e Filosofia da Ciência, Psicologia Evolucionária, Psicologia Social, Neuropsicologia, Neurofisiologia, Neurociência Cognitiva, Biologia Evolucionionária, Biologia Molecular, Etologia, Citologia, Embriologia, Genética, Genética Comportamental, Epigenética, Probabilidade e Estatística, Música, Poesia, Literatura, Enologia et Cetera...*

Sou um investigador acadêmico. O presente trabalho é um subproduto desta coleção de artigos e *crônicas científicas* publicadas ao longo de minha vida; e, dito de outra forma, trata-se do compêndio de meu aprendizado. E continuo ávido e admirado, arquejando pela estrada do conhecimento, e sempre a postos quando o assunto é o ENDEREÇAMENTO DA VERDADE. E vou por aí, aprendendo, para então contribuir com um olhar mais aguçado sobre as questões interferem diretamente na vida, e trabalhando por um mundo sempre melhor...

A organização dos *livros* consumiu mais de 15 anos, entre a redação, arte e revisão; produzindo um acervo com quase 18.000 páginas. A presente obra decorre de 3 intensos anos em pesquisas, estruturação, montagem e escrita; e consumiu mais de 8 meses em revisões – que não acabam até hoje. E sei que muito trabalho ainda precisaria ser feito, afinal a Cosmologia e a Física de Partículas estão entre as áreas mais vigorosas e dinâmicas do conhecimento; mas chegou a hora de *parir* mais este livro.

Este é o meu décimo livro, *FIAT LUX – O Homem, Memória do Universo*, e regressa às origens do Universo para contar, por meio do *corpus* do conhecimento humano, esta *luminosa estória da História*. O Homem é, portanto, *a Memória do Universo.*

Espero ao longo do que se segue, haver contribuído para a divulgação científica, observando a Ética e as melhores práticas consagradas pelo ceticismo científico, e contribuindo em *endereçar a verdade*; citando as fontes, sempre que possível, e enfatizando, quando necessário, os limites de validez de minhas informações e observações; indicando quando os resultados forem parciais, provisórios, ou inconclusos, e trazendo à tona eventuais contraditórias às minhas próprias conclusões - sempre que tais refutações estiverem no limite de converterem-se em novas e melhores descrições da realidade.

O meu objetivo é apaixoná-lo pela Realidade!

Não obstante, trata-se também de um livro de crônicas filosóficas, e que almeja abordar questões colaterais relacionadas aos domínios subjetivos da temática *dita* existencialista e/ou metafísica, além da importante introspecção epistemológica – esta sim eminentemente *filosófica*. Não tenho a pretensão de estabelecer tratados acadêmicos e ao contrário; apresento os temas em linguagem direta e descontraída, e citando entre verbetes e aforismos clássicos letras de música e excertos poéticos; *pois, assim como Fernando Pessoa*, considero a arte como resultado do mais elevado ato intelectual, e o pensamento e a reflexão como o resultado do mais elevado ato de sensibilidade artística...

> *A maioria pensa com a sensibilidade, eu sinto com o pensamento. Para o homem vulgar, sentir é viver e pensar é saber viver. Para mim, pensar é viver e sentir não é mais que o alimento de pensar. - Fernando Pessoa (Livro do Desassossego)*

Peremptoriamente, reclamo o direito de abolir a Reforma Ortográfica em alguns casos clássicos e específicos, como o uso de hifens. Também insisto em manter a distinção entre *estória* e *História*. A descontração da proposta avança sobre a liberdade estilística e no uso de alguns neologismos; assim como no abuso de expressões em latim – sempre que contribuírem *com a poesia histórica*. Devo ainda confessar o hábito, que me persegue nas últimas décadas, de terminar as algumas frases com *três pontinhos*; tal recurso está incorporado ao meu modo de pensar, indicando uma pausa respiratória ou para reflexão, um enlevo na intensidade dramática, ou apenas *deixando tudo no ar*.

Procurei apresentar todas as referências bibliográficas no decorrer do livro, ou pelo menos constando a autoria; também optei por não apresentar um índice remissivo, e na verdade, como *one man band*, faltou-me tempo para fazê-lo.

Recuso, para todos os fins, a distinção entre Ciências Humanas e Exatas – ou é Ciência ou não é! Também costumo assinalar que todas as *Ciências* têm a sua *gênese* no esforço e nas paixões humanas, *Lato Sensu*; e nenhuma *Ciência* instigou tais paixões humanas, *Stricto Sensu*, pelo apelo obtuso à *exatidão*, como querem uns, ou ao dogma, como pretendem outros.

O *relativismo* e o *apelo à contextualização* ficam definitivamente do lado de fora. Estamos aqui para um relato sobre a LEITURA DA REALIDADE; que viajou ao longo da História em uma rota diametralmente oposta à INVENÇÃO DA REALIDADE. Denuncio aqui, e sempre, o recurso da autoridade, convidando o livre-pensamento contra a submissão cativa.

Necessitamos mais do que nunca *saber como*, e para isso devemos desafiar – antes de tudo - a primeira impressão do *saber que*. O terreno moderno é exuberante para o conhecimento, e árido para antigas e opressivas *leis sagradas*. Inventamos a Ciência, *pois*, para testar a nossa LUCIDEZ... e assim promover o *bom entendimento* e a *justiça*. E que assim seja! Desejamos nos tornar *cientes* porque necessitamos conhecer *"a ficha do órfão" (Sagan) – nossa estória dentro da História*. E este é, parafraseando Schrodinger, o único e verdadeiro papel da CIÊNCIA.

Peço antecipadas e reiteradas desculpas pelos eventuais erros de digitação nesta primeira edição. Trabalhei sozinho e apesar de todo o empenho ao longo várias e intermináveis revisões – onde, de 10 a 20 páginas eram incrementadas a cada sentada - sempre ficava a impressão de que ainda faltava algo; mas, e como disse, precisava desencantar e publicar esta obra.

No memorável prefácio da obra *post mortem* de Carl Sagan, *Variedades da Experiência Científica – Uma visão pessoal da busca por deus (2006)*, assinado por sua esposa, companheira, e coautora, Ann Druyan; ela esclarece que Sagan – ganhador do prêmio Pulitzer – jamais publicou quaisquer de suas obras sem antes *"revisar a pente fino no mínimo vinte ou vinte e cinco vezes, cada manuscrito, em busca de erros ou infelicidades de estilo"*. E mesmo assim, e contando com o apoio de revisores, diagramadores, e consultores, as edições eram necessárias e apinhadas de correções; e este será forçosamente o meu caso, ressaltando mais uma vez que trabalho sozinho, e em algum ponto minha mente já está viciada nos textos, sendo incapaz de proceder a necessária autocrítica.

Gostaria de justificar antecipadamente - e em especial -, a variação estilística e de humor ao longo de centenas de páginas e com mais de 190.000 palavras escritas. Depois de muito penar, pude identificar alguns padrões em meu comportamento: (1) quando estou tratando de temas científicos adoto uma posição didática e serena; (2) quando estou tratando de casos de violência contra a mulher, contra crianças, contra seres vivos, contra a esperança, contra a justiça, casos de charlatanismo, estelionato etc., adoto uma posição mordaz e agressivamente crítica; (3) finalmente, quando trato de questões religiosas, ditas "espirituais", "esotéricas" – desde que não estejam enquadradas no item anterior - valho-me de deslavada irônica e comentários pícaros, já que tais preceitos ditos sagrados não me inspiram mais do que risos e lágrimas, indo do patético ao trágico em um punhado de lendas e fábulas, que muito prejuízo trouxeram à nossa cansada, porém vitoriosa, humanidade.

Mas enfim, este sou eu!

Quando a saga do Conhecimento Humano foi deflagrada, o que se viu foi o abuso da autoridade *dita* filosófica e a posterior evocação de uma certa *ciência de catedral*. Esta obra trata da Ciência como atitude para a vida e diante da vida; a *nobre atitude de tomar ciência, ou de tornar-se ciente PELA PROVA –* por meio de evidências, fatos, e como disse antes: *endereçando a verdade*. E *feliz do homem que pode optar pela verdade,* um conceito que faz toda a diferença em minha vida, e fez toda a diferença para a humanidade. Sim...

FELIZ DO HOMEM QUE PODE OPTAR PELA VERDADE.

Pretendo conduzi-los por uma deliciosa investigação sobre as origens do Universo, enquanto assomo aos ombros de gigantes. Esta é a proposta deste livro, estimular vossa opção pela verdade, exorcizando o medo, desconstruindo mitos, descortinando ilusões, e demonstrando a importância do *saber como* - e além dos limites do *saber que* para que sejamos melhores cidadãos; e assim *saber* de fato o que melhor cabe ao bem-estar comum, em um processo lúcido e sensato de melhoramento contínuo. *Façamos o bem apenas pelo bem de fazer; porque fazer o bem faz bem – neurofisiologicamente falando...*

E vamos de volta ao *começo do começo do começo...*

FIAT LUX – O Homem, Memória do Universo

Carlos Sherman

Prólogo: Assim no Céu como na Terra

"A verdade nunca perde em ser confirmada."
William Shakespeare

"Feliz aquele cujo conhecimento é livre de ilusões e superstições."
Siddhartha Gautama (Buda)

Como bem observa o astrofísico Neil deGrasse Tyson, civilizações vêm e vão. Impérios sobem e caem, e os seus bons momentos costumam estar registrados na História do Conhecimento Humano. E podemos nos perguntar como o ambiente de determinada cultura esteve constituído, para permitir tais avanços? Mas também podemos identificar vazios de produtividade intelectual, científica e tecnológica, e também poderemos nos perguntar: mas o que houve com esta cultura?

Quando olhamos para a Física de Partículas, notamos que os Estados Unidos estavam com tudo no final da Grande Guerra, e vemos isso na Tabela Periódica, constando a presença de termos 'americanizados' – principalmente nos elementos mais pesados, os últimos a serem descobertos -, como por exemplo, o Berquélio, o Califórnio; e isso não se deve – explica deGrasse - ao fato de que o mundo goste mais de Berkeley ou da Califórnia; mas é sintomático em nos revelar que o trabalho foi feito em solo americano. A Internet foi inventada em solo americano; enquanto todos precisamos indicar '.br', '.uk', '.fr', os americanos estão privilegiados por seu feito, e por isso não precisam indicar a procedência – como os 'deuses'. Os selos postais ingleses são os únicos no mundo que não trazem a identificação de seu país, e isso por que eles inventaram os selos postais. As constelações do céu noturno são gregas e romanas, e estão batizadas até hoje com nomes gregos e romanos, e isso por que tais civilizações viveram os seus respectivos períodos de apogeu - ao menos em termos de ambiente para o conhecimento e a exploração do universo.

Enquanto a tragédia do '11 de Setembro' - perpetrada 'sim' pelo ódio do fanatismo religioso islâmico - ainda estava sendo assimilada, o paspalho que ocupava o posto de presidente dos Estados Unidos fez uma aparição televisiva para fazer uma citação bíblica piegas, e dizer que:

"[...] o nosso deus é o deus que nomeou as estrelas."

Bush, emergindo das profundezas de carolice cafona, de seu provincianismo texano, e de sua profunda IGNORÂNCIA, não sabia - por exemplo - que foram os árabes que nomearam as estrelas, e não o seu vingativo 'deus' cristão. As estrelas, 2/3 delas, levam nomes árabes. As constelações levam nomes gregos e romanos, em função da magnitude histórica destes povos, enquanto as estrelas levam nomes árabes, e exatamente pelo mesmo motivo.

"[Religião] a enorme condescendência da posteridade." - Edward Palmer Thompson

Como isso foi possível? Como os árabes, que em nossos dias estão marcados de forma geral pelo tribalismo provinciano, pela ignorância, pela repressão, pela opressão, pela insistência em calar o pensamento pela via da SUBMISSÃO INCONDICIONAL, podem ter realizado este sensacional feito? Mas também precisaremos responder como a Europa pode ter protagonizado o papado e a Inquisição'?

O apogeu da intelectualidade árabe foi possível graças a um período particularmente fértil em sua cultura, que durou do século VIII ao XI AEC [da Era Comum] -, período este em que a Europa esteve imersa naquela que ficou conhecida como a Idade das Trevas – e precisamente dominada pela religião.

No seio do mundo islâmico, e neste particular período, o ambiente liberal e que acolhia com frescor o pensamento, esteve presente, e impulsionando a Humanidade. Neste período, que durou cerca de 300 anos, a capital intelectual do mundo foi Bagdá. Bagdá estava aberta ao mundo; judeus, cristãos, politeístas, céticos, descrentes, e naturalmente islâmicos, caminhavam livremente por suas ruas. E foi neste manancial de intelectualidade que importantes avanços afloraram nas áreas de Engenharia, Medicina, Biologia, Matemática, e naturalmente Astronomia. Daí vem o nosso sistema numérico, o sistema arábico, e muito mais. O refinado conceito do 'zero', a Álgebra, o Algoritmo, são árabes.

Já imaginaram se alguma 'fatwa' [sentença condenatória islâmica] nos proibisse, sob pena de morte, que estudássemos e manipulássemos algarismos, símbolos numéricos e matemáticos como sendo bruxaria? Ou proibindo-nos de olhar para o céu em busca de sua VERDADEIRA compreensão? E apenas por que "o profeta" não havia dito que o fizéramos? Mas, enquanto a cultura islâmica esteve livre de tais devaneios, Bagdá esteve com tudo.

Muito embora este não tenha sido um movimento 'islâmico', este ambiente de liberdade intelectual reinante, às portas do primeiro milênio, coexistia com um regime islâmico. E Bagdá vicejava. Maravilhosos astrolábios, peças de arte e do engenho humano, foram calculados e confeccionados, permitindo também a navegação baseada em corpos celestes – o GPS do primeiro milênio.

Isso enquanto os europeus queimavam mulheres e crianças por bruxaria, e submetiam pensadores ao sufrágio da tortura e da negação da própria consciência. Então algo aconteceu. Adentramos o século XII, e um tal *'Hamid al-Ghazali'* (1058 - 1111), considerado por muitos como um erudito, é investido de poder - muito poder. E ele passa a afirmar, por exemplo, que *a Matemática era "obra do demônio"*. A esta loucura se seguiram outras mais, configurando a repressiva filosofia de Ghazali, que fundida ao rico arsenal de possibilidades que o corão e o hadith ensejavam, culminaram em um freio brutal, e um atraso monumental, do qual o mundo árabe nunca mais se recuperaria.

A franca tradução de livros para o árabe também foi cessada, e fogueiras foram acesas para queimar obras consideradas heréticas, e o mundo árabe e muçulmano se cobriria de negro, de ressentimento, e de amargor. Muralhas foram erigidas contra o conhecimento, isolando o islamismo em uma caricatura insular, autóctone, e montado sobre conceitos medíocres e infantis, mas ao mesmo tempo vingativos e mortais.

Evidentemente Ghazali não agiu sozinho, sendo apoiado por uma rede de líderes, aiatolás, mulás, entre outros mamíferos do sexo masculino, *'imantados'* pela crendice islâmica. Tal rede continua viva e atuante no *'policiamento islâmico'*, e na obrigação à observância estrita do corão e do hadith, no qual Ghazali figura como expoente maior depois de Maomé. O cumprimento estrito das leis islâmicas inclui não somente as obrigações, mas, sobretudo, e acima de tudo, o monumental acervo de proibições, que vão do ridículo ao grotesco; afundando em ignorância qualquer possibilidade e relevância do Conhecimento Científico. Daí o inescapável atraso em todos os sentidos.

E este exemplo de estagnação e retrocesso, teima em aflorar no mundo civilizado, a partir do movimento de evangelização e SUBMISSÃO da RAZÃO; como a sandice representada pelo senhor Bush, e alimentada pelo 'Cinturão Bíblico' americano, e regada por toda a América Latina cristianizada. Isso sim representa o terror. Todas as conquistas em termos de Humanidade, Direitos Humanos e Individuais, Medicina, Astrofísica, Genética, Neurociência, foram perpetradas pela negação contumaz dos livros sagrados – todos eles.

Por isso elevamos as mulheres a uma condição digna e igualitária, aceitamos e convivemos com as diferenças e os diferentes, mesmo à duras penas, enfrentando com conceitos humanistas e seculares ao racismo e a intolerância. Questionamos a "possessão demoníaca" como causadora e fonte de todas as doenças, como reafirmam as 'leis', para finalmente duplicar – e hoje triplicar - a nossa expectativa de vida e de nossos filhos. Reduzir em 40 vezes a mortalidade infantil, e em 100 vezes a violência - em comparação com os tempos de Maomé; muito embora tais melhorias não possam ser plenamente incrementadas no atrasado mundo islâmico, acossado por baixas taxas em termos de expectativa e vida, e elevadas taxas em termos de mortalidade infantil e violência.

Este terrível quadro islâmico, só não superou o Éden bíblico, onde a taxa de mortes violentas chegou ao alarmante patamar de '25%' – 1.000 vezes maior que os piores prognósticos atuais -, quando com apenas 4 seres viventes, enfrentamos nada mais nada menos do que um fratricídio, quando Caim mata o próprio irmão Abel nos estertores da 'criação divina' – e quando 'deus' contava com apenas '4 tartarugas para cuidar'.

Um homem, investido de autoridade, com uma mente doentia, pode levar à escuridão toda a uma cultura, e este foi o caso de Al Ghazali. Variáveis demográficas, climáticas, e geográficas também precisariam entrar em cena para justificar a permanência do fenômeno; posto que também amargamos o convívio com figuras doentias como Santo Agostinho e Tomás de Aquino, assim como um papado incestuoso em relação às monarquias europeias, constituindo verdadeiros 'califados' ocidentais, para então emergir na LUZ DO ILUMINISMO.

FIAT LUX.

O mundo islâmico não teria a mesma sorte, e nunca se recuperou, vivendo até os nossos dias imerso em profunda escuridão. Quantos Prêmios Nobel foram islâmicos? O que foi inventado, descoberto, produzido pelo mundo islâmico no último milênio? Curiosamente os judeus, i.e., os descendentes de judeus, embora majoritariamente descrentes (85%), estudando e vivendo bem longe de Israel, ganharam ¾ dos prêmios Nobel já distribuídos - mesmo considerando mais de um bilhão de islâmicos contra míseros 50 milhões de judeus.

E o nosso amigo Hajar, está exultante em nos contar que esta religião, guardiã de todo o atraso global, é a que mais cresce. Mas Hajar, você está errado também nisso. Em relação à crença, o grupo que mais cresce é o de descrentes. Homens livres como eu, pensantes, estudiosos, solidários, e preocupados em viver uma linda vida terrena, livres do medo da escuridão, e da subsequente fantasia infantil de uma vida após a 'vida'.

Já estamos crescidinhos para acreditar em toda esta fábula ignóbil e hipócrita. Porém, e bem conheço este quadro, sei que muitos estão desenhados, pelo embaralhar das cartas genéticas, para servirem como partícipes de bandos de ovelhas, e precisarão sempre de pastores e líderes. E onde o atraso islâmico infundir, pela eloquência do discurso e pelo medo, sua propaganda de ódio, não haverá vida de fato, senão a celebração da morte de mártires, e do drama da vitimologia piegas antiocidental, antiamericana e antissemita. Uma cultura imersa em escusas e justificativas para a sua milenar incompetência em promover igualdade, justiça, liberdade e fraternidade.

Se o Islam não tivesse parido e investido Ghazali de poder, com a liderança que ocupava no século XI, teriam forçosamente todos os Prêmios Nobel que quisessem. Mas não foi assim, e as coisas só pioraram como demonstram os FATOS. Quantas pessoas brilhantes foram impedidas de pensar pelo medo, pelas suras, pelas fatwas, pelo hadith?

Por que 85% da Academia de Ciências rejeitam divindades mágicas e livros sagrados? Mas, sobretudo, por que 15% ainda não rejeitam? Por que sempre existirão crentes, e existe uma distribuição genética para a 'crença na crença', sendo este o triste destino de muitos, assim como o é, a esquizofrenia, o autismo, e outros desafios de ordem neurofisiológica – neste caso agravado por deficiências culturais e de instrução.

O ambiente acadêmico instrumentou John Nash – protagonizado no filme 'Uma Mente Brilhante' por Russell Crowe, -, esquizofrênico, para ganhar o prêmio Nobel de Ciências Econômicas em 1994 – mesmo quando alucinava ser perseguido por agentes russos. A bíblia instrumentou Wellington Menezes, esquizofrênico, em sua sina assassina de culpa e purificação, a matar crianças em uma escola em Realengo no Rio de Janeiro, Brasil – enquanto era perseguido por hereges pecadores, e demônios.

O nosso cérebro, apesar da primazia intelectual, está longe de estar acabado, e capenga em pleno processo evolutivo. A esmagadora maioria das multifacetadas causas para as crenças esbarram, quase sempre, nos Desvios Cognitivos de Confirmação, Falsos Positivos, e na EDUCAÇÃO. Precisamos prover apoio e estimulo aos nossos filhos, e não a punição e medo. Precisamos transformar igrejas em escolas, e mais milagres acontecerão.

Contrariamos 'deus' para viver melhor, viver mais e com menos mortes ao nascer. E aqueles que não são capazes de encarar este fato inventam que na vida após a 'vida', as coisas serão bem melhores. Não pode haver insanidade maior. E lamento informar que seguramente não existirão faculdades intelectivas após a morte cerebral, e não existirão faculdades mentais sem a circuitaria neural. Lamento. Este não é o meu desejo, mas é a óbvia realidade. Sendo assim.

"O melhor lugar do mundo é aqui e agora." - Gilberto Gil

A vida é aqui e agora, e 'ponto'. No esteio de tais afirmações, desafio àqueles que insistem do desprezo ao cérebro, à intelectualidade, e à engenhosidade humana, que atirem os celulares no lixo, desliguem o computador, a televisão, esqueçam a Internet, andem a pé, esqueçam a LUZ, a energia, o refrigerador, o aquecedor, esqueça o tratamento médico com ultrassom e ressonância magnética; pois tudo isso dependeu de Prêmios Nobel, dos malditos *'yankees'*, do 'império de satan', e dos 'malditos ocidentais'.

A política expansionista teocrática islâmica teve o seu momento, e o seu apogeu, mas sucumbiu à História, como outras culturas e impérios - e fim de papo. O povo de 'allah' não tem nenhum direito de impor sua cultura – ou a falta dela - ao resto do mundo, pelo fio da espada. E mais, na verdade uma minoria recalcada submete toda uma nação ao sufrágio de sua 'homo-imbecilidade'.

O Islam já foi maior Império da Terra, algumas vezes! A primeira expansão islâmica (632–732), também chamada de 'conquistas islâmicas' ou 'conquistas árabes', foi iniciada logo após a morte de Maomé. Um vasto império árabe muçulmano foi consolidado, com uma área de influência que se estendia ao noroeste da Índia através da Ásia Central, todo o Oriente Médio, o Norte da África, a península Itálica meridional e península Ibérica até os Pireneus. Edward Gibbon escreveria em sua majestosa obra 'History of the Decline and Fall of the Roman Empire' ['História do Declínio e Queda do Império Romano'] (2012):

> *"Sob os últimos Omíadas, o Império Árabe estendia-se por uma jornada de duzentos dias do leste para o oeste, dos confins da Tartária e Índia até as praias do oceano Atlântico. E se encurtássemos as mangas da túnica, no dizer de seus escritores, era a longa e estreita província de marcha de uma caravana. [...] A língua e as leis do Corão eram estudadas com igual devoção em Samarcanda e Sevilha: os mouros e os hindus abraçavam-se como conterrâneos e irmãos em peregrinação a Meca; e a língua árabe era adotada como idioma popular em todas as províncias a oeste do rio Tigre."*

O Império Otomano permaneceria imperturbado de 1299 a 1922; no auge de sua glória compreendia a Anatólia, o Médio Oriente, parte do norte de África e do sudeste europeu. Nos séculos XVI e XVII, o império constava entre as principais potências políticas da Europa e vários países europeus temiam os avanços otomanos nos Balcãs. No seu auge, no século XVII, o território otomano compreendia uma área de 5.000.000 km² e estendia-se desde cerca do estreito de Gibraltar, a oeste; ao mar Cáspio e ao golfo Pérsico, a leste; e desde a fronteira com as atuais Áustria e Eslovênia, no norte; aos atuais Sudão e Iêmen, no sul. É mole ou quer mais?

A capital do 'Império' era a cidade de Constantinopla – hoje Istambul -, tomada ao Império Bizantino em 29 de maio de 1453. O Império Otomano foi a única potência muçulmana a desafiar o crescente poderio da Europa Ocidental entre os séculos XV e XIX, tendo declinado ao longo do século XIX, e sendo dissolvido após a sua derrota na Primeira Guerra Mundial. Com o fim do conflito, o governo otomano desmoronou, e o seu território foi partilhado. Mas o cerne político e geográfico do império transformou-se na República da Turquia após a guerra de independência.

A partir de 1517, o sultão otomano era também o Califa do Islam, e o Império Otomano era, entre 1517 e 1924, o sinônimo de califado - ou estado islâmico. O auge do Império Otomano foi durante o governo do crudelíssimo - e nada modesto - Suleiman, *"o Magnífico"*, quando os seus exércitos bateram às portas de Viena. Neste período, Constantinopla foi transformada em capital cultural e política do 'império', e o califado atingiu sua máxima extensão, estabelecendo suas fronteiras desde 0 oceano Atlântico até o Índico; do norte do Sudão até o sul da Rússia. Foi também durante o seu governo que ocorreram as batalhas de Rodes, Tabriz, Malaca, Manila e o Cerco de Viena. Os americanos jamais sonharam com tal hegemonia física, territorial e ideológica.

Muitas contradições são encontradas no Corão, além de cópias acachapantes da Torá – ou Antigo Testamento. Os autores, editores e revisores do Corão afirmam - por exemplo - que o nome *"Yahya"* nunca havia sido utilizado para *'deus'*, antes de João Batista (Surata [19:7]); porém encontramos o nome mencionado no Velho Testamento (II Reis [25:23]) indicando que o mesmo era conhecido séculos antes de o próprio Corão ser escrito. Por engano, o autor da *'Surata [5:116]'* pensou que os cristãos adorassem a três deuses: o Pai, a Mãe (Maria) e o Filho (Jesus). Isso mostra, mais uma vez, a falta de entendimento, e de relatos pouco confiáveis do Corão – que a partir deste ponto será escrito em minúsculo, como *'bíblia'*, *'deus'* e *'allah'*, *'testamento'*, *'Surata'*, *'Sura'*, etc.

As *Suratas [7:54]*, *[10:3]*, *[11:7]* e *[25:59]* determinam com clareza que *'deus'* criou "os céus e a terra" em seis dias. Mas as *Suratas [41:9-12]* detalham que a criação demorou mais do que oito dias. Segundo o corão (Suratas [18:89-98]), Alexandre Magno seria um devoto muçulmano e teria vivido por muito tempo; porém, os registros históricos mostram que Alexandre Magno morreu jovem - aos trinta e três anos de idade (356 - 323 AEC). Diz também que ele era considerado divino, fato que, contraditoriamente, seria uma blasfêmia para os muçulmanos. E para completar, sabemos que Alexandre ergueu, às margens do Rio Bias (no noroeste da Índia), doze altares para os doze deuses gregos; provando mais uma vez que o corão apresenta erros históricos e religiosos.

Enfim, como qualquer outro *"Livro Sagrado"* o Corão está recheado de mitos e lendas, grandes contradições históricas e passagens enganosas, ajustadas para a submissão pelo medo, advindo originalmente da cabeça de loucos e esquizofrênicos - como na bíblia. Não há nada de sagrado, mas sobra muito de humano - neuropatologicamente falando.

SE A MONTANHA NÃO VEM A MAOMÉ, MAOMÉ VAI À MONTANHA.

Maomé ensinava seus seguidores islâmicos a preferirem o simples ao complicado - muito bem; mas na realidade desconfio que ele estivesse com outra coisa em mente. O adágio acima, diz a lenda, teria sido formulado quando Maomé se esforçava para converter um grupo de árabes, e que por sua vez o desafiaram a mover o Monte Safa para perto de si. Maomé *'fez de tudo', mas não conseguiu [sic]*. Então entra em cena o seu famoso *'ardil'*: ele vai até a montanha e retorna alegando ter *"recebido uma graça de deus por não haver conseguido o milagre"*. *'Deus'* lhe havia dito que *"se a montanha viesse aos incrédulos mataria a todos que estavam ali reunidos"* [sic]. Muito astuto, belo truque, bela tentativa - e assim caminha a humanidade, de golpe em golpe [sic]. Um flagrante *'fiasco'* transformado em *'milagre'* - isso só acontece quando existem estelionatários em cena, ou RELIGIÃO. Nada como uma boa estorinha e um bom contador de estórias: ou um encantador de gente. Mas, sobretudo, NADA COMO UMA PLATEIA ÁVIDA, IGNORANTE E *'CRÉDULA'*. Este é o problema. Maomé, no referido episódio, longe de atuar como uma espécie de *'David Copperfield beduíno'*, atuou como um charlatão *'cara-de-pau'* da Praça da Sé. Tudo *'bem islâmico'* - bem judaico-cristão-islâmico.

1. Bilhões e Bilhões

O Universo é tridimensional? O Universo tem quatro dimensões, três para o espaço e uma para o tempo? O Universo tem nove, dez ou onze dimensões? A matéria curva o espaço-tempo? O Universo é plano? O Universo é infinito? O Universo tem 93 bilhões de anos-luz de extensão? O universo é uma bolha? Uma cebola? Uma sala de espelhos? Tem a forma de uma rosquinha, um *donuts*, ou uma bola de futebol? Talvez o Universo mais se pareça com uma versão 3-D da imaginação de Alighieri, e saído das páginas de 'A Divina Comédia' (1555). Quem sabe?

Questões e declarações - conforme supracitado - ocupam há algum tempo as primeiras páginas das revistas científicas, especializadas ou não na área de Cosmologia. Embora algumas das manchetes acima pareçam estar em solene e franca contradição, podemos dizer que todas elas 'de alguma forma' endereçam a verdade, ou podem ser consideradas como plausíveis quando descrevemos o Universo.

A sutileza que desfaz o aparente imbróglio esconde-se na semântica da palavra 'universo' - com diferentes significados e 'avatares' para diferentes contextos. Recorrendo mais uma vez à etimologia da palavra 'Universo', e desta vez segundo o Houaiss (2009), tem-se que estamos tratando de um substantivo masculino, cuja primeira definição é:

> "[...] o conjunto de todas as coisas que existem; o mundo."

Tal noção intuitiva pode servir como fio da meada para nossa reflexão. Seguindo esta linha de pensamento, podemos deduzir que o conceito de 'tempo' está implícito na inflexão do verbo 'existir'; implicando em que, quando nos referimos ao Universo, estamos de fato nos referindo a 'tudo o que existe agora'.

Recusando - dentro dos propósitos desta obra - qualquer debate filosófico sobre a natureza de 'universal', assim como as implicações ontológicas do conceito de 'agora'; podemos formular como proposição que pensar o universo significa abarcar a totalidade do espaço e de todo o seu conteúdo no momento presente; e imaginemos esta totalidade como uma entidade contínua. Sendo assim, podemos seguir.

Espaço ou o espaço-tempo? Percebemos o espaço como tridimensional; e se assim é, podemos supor que qualquer coisa pode ser endereçada no universo por meio de suas coordenadas cartesianas. Neste momento congelado no tempo, e que chamamos de presente, cada objeto ocupa uma determinada coordenada 'x, y e z' em nosso *continuum tridimensional* – ou todo o espaço tridimensional no tempo presente. Proponho que chamemos a este Universo congelado no presente por seu neologismo em língua inglesa, ou *'nowverse'*; que pode ser traduzido como 'o universo de agora'.

Mas e as outras dimensões? São construções teóricas, e, para alguns, mera fantasia, que nasceram juntamente com outros postulados relacionados à 'Teoria das Cordas'. Trata-se da suposição de que existe mais espaço do que podemos ver e medir, além de outros universos. Mas, e por enquanto, na ausência de qualquer evidência experimental ou ocasional, podemos invocar a premissa do ônus da provar para deixar de lado tais elucubrações; foquemos primeiramente em nosso Universo e nas suficientes dificuldades inerentes à sua compreensão. Sendo assim, estamos mais uma vez situados em nossas três costumeiras dimensões.

O tempo, por outro lado, é de fato uma dimensão adicional, e em conjunto com o espaço constitui uma entidade maior, *quadridimensional*, conhecida como *espaço-tempo*. É natural pensar no *nowverse* como uma fatia 3-D deste espaço 4-D - assim como planos horizontais são fatias 2-D em nosso mundo 3-D.

Como a maioria das pessoas - incluindo este que vos dirige a palavra - tem dificuldade em visualizar objetos em 4-D, uma forma comum de pensar o espaço-tempo é imaginar que o espaço tem apenas duas dimensões; e, diante desta figuração, o espaço-tempo poderia ser abarcado por nossa percepção como uma imagem em 3-D. Sob esta utilitária perspectiva, o *nowverse* seria um dos muitos planos paralelos ou fotografias do universo ao longo de sua história. A figura que emerge deste exercício mental seria parecida uma corneta.

Assim, a aparente contradição entre o universo tridimensional, o universo quadridimensional e o universo multidimensional está reduzida a uma questão semântica e de perspectiva - ou dependente da questão da qual está sendo reduzida. O espaço é 3-D, o espaço-tempo é 4-D, e se a Teoria das Cordas emergir de seus modelos por meio de evidências, então o universo passará a ser 9-D e espaço-tempo 10-D.

Aliás, quando os cosmólogos se referem à expansão do universo, o que realmente estão dizendo é que o espaço vem se expandindo, e não o espaço-tempo.

O universo é plano ou curvo? Este foi o tema dominante na Cosmologia na última década, e a resposta já está estampada em toda parte: o Universo – i.e., o espaço 3-D - é plano - ou quase isso. Os cientistas vasculharam 6 bilhões de anos-luz em dados, o que corroborou o fato e a conclusão de que vivemos em um universo plano - com 99% de precisão. Tal precisão é superior à maioria de nossas medidas e impressões cotidianas, como a balança que você usa no banheiro de sua casa para manter a forma.

A missão de definir a forma do universo foi levada a cabo pelo Projeto BOSS - Baryon Oscillation Spectroscopic Survey -, que utilizou o telescópio da Fundação Sloan no Novo México, Estados Unidos. O chefe da missão foi o físico David Schlegel. O pronunciamento bombástico foi feito em Washington durante a 223ª reunião da Sociedade Americana de Astronomia:

> *"Há 20 anos, astrônomos discutiam estimativas que diferiam em torno de 50%. Há cinco anos, o grau de incerteza foi reduzido para 5% e, há um ano atrás, caiu para 2%. A precisão com margem de incerteza de 1% será o novo parâmetro durante muito tempo."*

A equipe do BOSS usou oscilações acústicas dos Bárions [BAOs, na sigla em inglês] como "régua-padrão" para medir distâncias intergalácticas. Os BAOs são as impressões "congeladas" criadas pelas ondas de pressão que se propagaram no início do Universo - e que influem na distribuição das galáxias que vemos hoje.

> *"A natureza nos deu uma linda régua", disse Ross, que é astrônomo da Universidade de Portsmouth, na Inglaterra. "E essa régua tem meio bilhão de anos-luz de comprimento, então podemos usá-la para medir distâncias com precisão, mesmo que desde muito longe."*

Determinar distâncias é um dos grandes desafios da astronomia: *"Uma vez que você sabe quão longe algo está, aprender todas as outras coisas a respeito disso torna-se, repentinamente, muito mais fácil"* - disse Daniel Eisenstein, diretor do Sloan Digital Sky Survey III.

O BOSS trabalhou sobre a curvatura do espaço, concluindo que ele é mais plano do que se imaginava, portanto vivemos em um universo plano – para todos os efeitos.

"E isso tem implicações sobre a questão da infinitude do Universo. Embora não possamos dizer com certeza, é provável que o Universo se estenda para sempre no espaço e continue para sempre no tempo. Nossos resultados são consistentes com a hipótese de um Universo infinito."

As medições do BOSS nos servirão para muitos propósitos cosmológicos, como, por exemplo, para determinar como a "energia escura" acelera a expansão do universo. Trata-se de um marco histórico. Os resultados mais recentes indicam que a energia escura é uma constante cosmológica cuja força não varia no espaço ou no tempo. Para isso o BOSS estudou os espectros em alta definição de 1,3 milhões de galáxias, 160 mil quasares – os misteriosos corpos celestes encontrados nos confins do Universo, que emitem quantidades imensas de radiação -, além de milhares de outros objetos astronômicos.

A cosmologia diz, então, que 'o universo é plano'; mas isso não é assim tão simples de engolir, já que a Terra é esférica, e vemos objetos celestes por toda parte. Por enquanto, visualizemos o universo plano como a nossa referência para uma superfície plana, e a superfície da Terra como a nossa referência para uma superfície curva; observe que ambos perfazem superfícies bidimensionais, e - por enquanto - aceite que a *planicidade* e a curvatura podem fazer sentido em qualquer número de dimensões.

Mas o que significa exatamente dizer que o universo é plano? Quando os cosmólogos dizem que o universo é plano, estão se referindo ao espaço, ao *nowverse* e a seus irmãos paralelos – *nowverses, ou fotografias congeladas do Universo* - no tempo. Mas, o espaço-tempo não é plano - não pode ser! A Teoria Geral da Relatividade de Einstein diz que a matéria e a energia curvam o espaço-tempo, e há matéria e energia suficiente para impor tal curvatura. Além disso, se o espaço-tempo permanecesse estável não estaríamos sentados aqui, porque não haveria gravidade para sequer nos manter sobre a cadeira. De forma sucinta, e dentro dos limites deste livro, podemos dizer que o espaço pode ser plano mesmo que o espaço-tempo não seja.

Além disso, quando consideramos o nivelamento do espaço, estamos nos referindo à aparência do universo em larga escala. Se fizermos um *zoom* para olhar de perto algo que está bem aquém da escala cósmica – considerando que a nossa 'régua-padrão' tem meio bilhão de anos-luz -, tais como o sistema solar e a Terra, não apenas o espaço-tempo, mas o próprio espaço, não será definitivamente plano. Novas provas notáveis para cunhar este fato - a curvatura do espaço ao redor da Terra - foram obtidas recentemente pela NASA com a 'Gravity Probe B', naquele que foi considerado o experimento de mais longa duração na história da agência espacial. Os casos mais extremos que conformam o não-nivelamento do espaço estão relacionados aos horizontes de eventos em buracos negros. Mas essa é outra história.

Em uma escala cósmica, a curvatura criada no espaço pelas inúmeras estrelas, buracos negros, nuvens de poeira, galáxias, e assim por diante, constitui apenas um monte de pequenas protuberâncias em m espaço que é, em geral, enfadonhamente plano. Assim, a aparente contradição entre o fato de que 'a matéria curva o espaço-tempo' e o 'universo é plano' também pode ser reconciliada: o espaço-tempo é curvo, assim como o espaço; mas em grande escala, em escala cósmica o espaço é, em geral, plano.

O universo é finito ou infinito? Se tudo no *nowverse* tem coordenadas 'x, y e z', então seria natural supor que podemos direcionar essas coordenadas para assumir qualquer valor espaço afora, não importa quão grande seja. Afinal, o que poderia impedir que o espaço se estendesse indefinidamente? A Cosmologia Moderna não vê motivos para que tal expansão seja limitada.

O fato de durar para sempre, entretanto, não significa que o espaço possa ser definido como infinito. Pense na superfície bidimensional da Terra tridimensional, na qual vivemos; se você embarcar em uma jornada para encontrar o 'fim do mundo', uma espécie de abismo ou de limite, simplesmente não será possível terminar a jornada. Depois de um tempo você notaria que está visitando os mesmos lugares, e entenderia o meu truque; mas isso serve apenas para ilustrar que em uma nave espacial algo semelhante poderia acontecer; e se perseverarmos em uma direção poderemos reaparecer na direção oposta e visitar os mesmo lugares – sem contar a inexorável finitude da vida.

Mas, talvez, e considerando uma fantástica e ficcional 'vida longa', um observador possa viajar para sempre e indefinidamente em um espaço de extensão infinita e que avança sobre algo indescritível fora de seus domínios. Essa é a aposta da Cosmologia Moderna, muito embora sejamos hesitantes em afirmar sobre a *infinitude ou finitude do destino do Universo*.

Em princípio, o universo poderia ser finito em seus domínios, embora sem um limite para a sua expansão - como a superfície da Terra. Melhor seria comparar o universo com um balão sendo inflado, de forma que seus domínios sempre estarão restritos à sua superfície, mesmo que paradoxalmente sua expansão não deva cessar. Vale considerar ainda que tal expansão indefinida resultará em uma curvatura cada vez menos perceptível, em escalas cósmicas, configurando uma espécie de *'viagem infinita'*.

Na verdade, quando Einstein formulou o seu ideário cosmológico, decorrente de sua refinada teoria gravitacional, ele postulou que o universo seria - em tese - finito. O 'universum' einsteiniano, independentemente das revoluções promovidas por sua percepção, estava comprometido com o 'zeitgeist' de seu tempo; e, portanto, enraizado em seu profundo sentido estético tridimensional, simétrico, e quase perfeito - como uma espécie de esfera 3-D saída das páginas da 'Divina Comédia' de Dante Alighieri.

Até hoje, um sem número de cosmólogos têm se debruçado sobre tal possibilidade, na tentativa de verificar se o espaço pode ser uma esfera 3-D; ou sobre versões mais complicadas deste modelo, como uma 'rosquinha', um donuts, ou essencialmente uma esfera envolvida em torno de si mesma. Ou uma sala de espelhos, uma bola de futebol. quem sabe?

O Observatório Espacial Planck atualizou a idade do universo em 13,8 bilhões de anos, e como não poderemos viajar além da velocidade da luz, e nem perto disso, não será possível obter dados sobre eventos que estão além da fronteira do universo observável. Sendo assim 'nós sabemos que jamais saberemos se o universo é finito ou não', ou se poderá se estender no espaço e no tempo – ou no espaço-tempo – indefinidamente. Mas qual é o tamanho do universo observável? Essa é uma boa pergunta, com uma resposta surpreendente:

[...] o diâmetro do universo observável é de 93 bilhões de anos-luz ou $8,80 \times 10^{26}$ metros, com aproximadamente 46,5 bilhões de anos-luz de distância de raio.

Por que não 13,8 bilhões de anos-luz para cada lado, se a Teoria da Relatividade Geral - estabelecida por Einstein – limita qualquer deslocamento no espaço pela velocidade da luz? Onde '1 (hum) ano-luz' é uma medida de comprimento (símbolo: ly, do inglês light-year) com valor aproximado de 10 trilhões de quilômetros, ou 10^{16} metros. Conforme definido pela União Astronômica Internacional (UAI):

1 (hum) ano-luz é a distância que a luz atravessa no vácuo em um Ano Juliano. 1 ano luz = $9,4605284 \times 10^{15}$ metros.

A Voyager – por exemplo - viajou de 1977 a 2007 - cerca de 30 anos - a 45.000km/h, para atingir os limites do Sistema Solar. A luz do Sol nos atinge em aproximadamente 8 minutos, enquanto leva quase 8 horas para chegar aos confins do Sistema Solar. A luz leva cerca de 100 mil anos apenas para cruzar nossa Galáxia - a Via Láctea.

Sendo assim, e se o universo tem 13,8 bilhões de anos e está limitado pela velocidade da luz, por que o diâmetro máximo não é 27,6 bilhões de anos-luz?

Por que o universo está expandindo acima da velocidade da luz. A Teoria Geral da Relatividade postula que nada pode se deslocar no espaço acima da velocidade da luz, mas não limita a própria expansão do espaço, e este é precisamente o ponto: o universo está em expansão, o espaço está em expansão, e cuja velocidade excede a velocidade da luz.

A clareza sobre a vastidão. Em 1913, o astrônomo britânico Herbert Hall Turner (1861-1930) sugeriu pela primeira vez a utilização de uma nova unidade de para medir distâncias cósmicas: o *parsec* - uma abreviação para a *'paralaxe de um segundo de arco'*. O intuito de Turner foi facilitar a vida de seus companheiros cosmólogos, astrônomos e astrofísicos, quando calculam distâncias astronômicas.

O *parsec* é, portanto, a unidade astronômica padrão de comprimento a ser utilizada quando pretendemos medir a nossa distância em relação a objetos fora do Sistema Solar, e equivale a 3,26 anos-luz, ou 31.000.000.000.000 (ou $3,1 \times 10^{13}$) quilômetros; sendo esta medida ainda menor do que a distância até a nossa estrela vizinha mais próxima, *Proxima Centauri*, que dista 1,3 *parsecs* da Terra. A maioria das estrelas que podemos ver a olho nu enquanto contemplamos o céu noturno, dista pelo menos 500 parsecs do Sol. No entanto, e para que imaginem a nossa insignificância, quando falamos em galáxias ou em universo, devemos considerar o Mpc – ou 1 milhão de *parsecs*.

Em um relatório divulgado em 21 de março de 2013, a equipe europeia por trás do Observatório Espacial Planck, atualizou e cruzou alguns conceitos e dados sobre o universo observável, com observações anteriores procedidas pela sonda espacial WMAP [ou *Wilkinson Microwave Anisotropy Probe*], além de outras fontes. Este mapa atualizado sugere que o universo é um pouco mais velho do que se pensava; segundo o modelo de concordância Lambda-CDM, o Big Bang ocorreu há exatos:

13,798 ± 0,037 bilhões de anos

A incrível precisão de 0,037 bilhões de anos, ou 37 milhões de anos, foi obtida pelo cruzamento de dados de vários projetos e experimentos. Trabalhando sobre as medições da radiação cósmica de fundo remanescentes do berçário do Universo, podemos inferir o tempo de resfriamento desde o Big Bang, calculando as respectivas taxas de expansão do universo em suas diferentes fases e eras, e extrapolando tais dados no tempo e no passado. E assim foi.

Ainda de acordo as observações do Planck, podemos considerar que flutuações sutis de temperatura ocorreram no universo em sua tenra idade de

370.000 anos; tais mudanças refletem ondulações ocorridas muito mais cedo na existência do universo, em 10^{-30} segundos de sua existência. Hoje, a teoria vigente ou padrão, considera que tais ondulações deram origem à vasta teia cósmica de aglomerados galácticos e matéria escura que compõe o nosso *nowverse*. Ainda segundo a equipe do Planck;

> *[...] o universo está composto por 4,9% de matéria ordinária [elementos pesados 0,03%, neutrinos 0,3, estrelas 0,5%, Hidrogênio e Hélio livres 4,0%], 26,8% de matéria escura e 68,3% energia escura. A constante de Hubble foi também foi atualizada para 67,80 ± 0,77 (km/s)/Mpc.*

Muito além das galáxias mais distantes e dos fenômenos longínquos que podemos observar no horizonte do Cosmos, e paradoxalmente em seu passado, está o plasma que existia antes da idade de recombinação há cerca de 13,7 bilhões de anos - 370 milênios após o big Bang. Este é o clarão de luz que iluminou as nossas chances de vida, e deu forma e consistência a tudo o que chamamos de Universo. Ainda mais paradoxal é o fato de que a borda 'externa' de nosso universo observável é uma parede de luz que decorre da origem de nosso universo, e da origem do tempo.

2. Um Universo de Princípios e A Seta do Tempo

Os Deuses são a encarnação do que nunca poderemos ser.
O cansaço de todas as hipóteses...
Fernando Pessoa

Qualquer vida é feita de um único momento,
O momento em que um homem descobre,
De uma vez por todas, quem é ele.
Jorge Luis Borges

Podemos dizer que *o Universo tem o tamanho do tempo*; e *o 'passado' avança juntamente com o 'futuro' na borda de nosso universo observável*. Respondendo à questão deixada pelo eminente físico americano John Archibald Wheeler (1911-2008) - um dos últimos colaboradores de Einstein na formulação de uma teoria do campo unificado, um dos pioneiros na teoria de fissão nuclear, tendo cunhado o termo 'buraco negro' para descrever o fenômeno das estrelas colapsadas gravitacionalmente, além de ter orientado academicamente gigantes como Richard Feynman e Kip Thorne:

"O passado depende do futuro?"

Responder a este gênio e aos meus leitores que, como o espaço e o tempo, estão indissoluvelmente casados no 'espaço-tempo', o futuro e o passado efetivamente não existem, senão um sentido sem volta para a inflação de nosso 'balão cósmico'; i.e., desta superfície 'espaço-tempo'. De forma que o que denotamos é a transição de nosso universo, da maior para menor simetria, sendo passado e futuro descrições semânticas e objetivas para descrever um estado anterior ao atual, e respectivamente, para descrever estados possíveis mais adiante. O que efetivamente vivenciamos é o presente, o passado é uma sucessão de diferentes presentes ao qual não poderemos retornar pela segunda lei da termodinâmica. Este sentido de inflação cósmica é a Segunda Lei da Termodinâmica.

Wheeler não pretendeu apenas fantasiar sobre voltar no passado, mas pretendia explorar a tese de 'até que ponto o passado e o futuro estão conectados aqui e agora.

Imagine que você tem um primeiro encontro com uma garota e está bem animado com a primeira impressão, e sente-se naturalmente atraído por ela. O local é perfeito, a música parece ter sido encomendada, a luminosidade agrada, ela é linda, tem um sorriso largo, mas começa a discorrer sobre 'almas', 'anjos', 'cristais', 'deuses', se declara sensitiva, pergunta qual é o seu signo, e pede para ler a sua linha da vida em sua mão. *'Ops!'*

Como o seu passado - investigando neurocientificamente sobre a mais completa impossibilidade da existência de almas, mas considerando a firme probabilidade de existirem pessoas, muitas, capazes de fantasiar a realidade; o estudo pregresso sobre a mitologia, situando os anjos no Zoroastrismo persa com raízes milenares, embora insólitas; a análise crítica dos eventos de sua vida, que estimularam a escolha de sua atividade presente em desmascarar falsos positivos, falsos gurus, ilusões, delírios, alucinações, em prol de uma humanidade que possa melhor entender-se, e assim produzir melhores respostas aos seus contínuos desafios; os anos dedicados ao estudo do Cosmos, que explica, entre outras coisas, pelo movimento de precessão da Terra, que o céu dos astrólogos babilônicos, há mais de mil anos, não é o mesmo que o atual, e sendo assim o dito "zodíaco" estaria deslocado em 'pelo menos' um signo; o seu conhecimento sobre a neuropsicologia humana, as milhares de páginas consumidas em investigações acadêmicas, demonstrando cabalmente o efeito da lateralização nos hemisférios esquerdo do cérebro, além das intercorrências nos lobos frontais e temporais, entre outros fatores fisiológicos, de ordem evolutiva, sobre a Biologia da Crença; além sua profunda dedicação aos aspectos aleatórios e não intencionais que norteiam os fenômenos e a vida, como, por exemplo, saber que as linhas na mão nada significam no destino de suas vidas, poderão interferir alimentando ou não interesse naquela relação?

Mesmos para uma noite sem cérebro e focada em sexo, se ela pedir para meditarem na tentativa de estabelecer uma conexão tântrica, *kármica*, isso ainda poderá quebrar o clima. E mais, o seu passado condena quem você é, de forma que talvez não seja possível afastar o cérebro neste momento; afinal somos o nosso cérebro, queiramos ou não, e o seu cérebro, no caso o cérebro do personagem do encontro, definitivamente, pelo seu passado, que reflete sua natureza, estará sentenciado ao deleite intelectual.

De forma que, ficamos com a impressão de que as cartas já estavam marcadas e que aquele desfecho não poderia ser diferente. 'E se ela?', 'e se ele?', mas o 'se' definitivamente não existe. O presente, neste lapso infinitesimal, é resultado do lapso seguinte em uma cadeia que flui em apenas em um sentido, do aumento da entropia. Segundo *'Sherman' (2014): a quantidade de entropia em qualquer sistema termodinamicamente isolado – e este parece ser o caso de nosso Universo - tende a incrementar com a expansão do espaço-tempo, e buscando maximizar sua expressão – e sem volta.*

A conclusão sensorial aqui é de que o passado apenas nos ajudou a melhor entender o que estava se passando no presente, e o presente – ou futuro - apenas nos permitiu entender o que foi vivenciado e estabelecido no passado. Dito de outra forma, o presente 'atual' nos ajudou a entender momentos presentes 'idos', em termos de expansão do espaço-tempo; e este processo transicional no sentido da maior entropia, alinhou e seriou 'presentes' para conjurar o presente atual. O passado está no presente, o presente é a resultante do passado, de forma que, de fato, não existe passado, senão uma sucessão de presentes que dão sentido ao 'momento' em que conjecturamos sobre o 'presente'. Piorou?

O Universo se expande - o espaço-tempo - mais rápido do que a velocidade da luz; e, sensorialmente, não podemos abarcar tal situação, afinal estamos presos ao 'plano' do espaço-tempo, onde nada supera a velocidade da luz. Sendo o fóton a partícula mais fluida no Campo de Higgs; e, portanto, a mais ágil no Universo. Dito isso, o 'passado' permanece na fronteira do Universo, por que não podemos fugir dele.

Sobre a *quebra do romantismo* deste primeiro encontro, Greene esclarece:

"[...] o realismo erótico-nuclear é uma área difícil [...]."

Vejo a existência *'erótica'* do universo como uma quebra de unidade, onde as forças decompostas lutam para reunificar – sem sucesso. A Segunda Lei da Termodinâmica, ou Lei da Entropia, parece operar desde sempre, embora semanticamente precisasse ser reescrita para melhor representar o fenômeno. Esperançosa e humildemente, sugiro que reescrevamos o texto, substituindo complexidade por unidade, e desordem por diversidade. O universo parece fluir da unidade em direção à diversidade, a diversidade material, uma diversidade cada vez mais vulnerável, assimétrica, porquanto complexa. O DNA formata o padrão para a diversidade, o combina, e replica.

O meu amigo David Christian, mentor do excepcional Projeto 'Big History', começa a sua magistral palestra no TED sobre a 'História do Universo em 18 Minutos' mostrando uma imagem de trás pra frente de ovos sendo mexidos em uma tigela:

"Sim, são ovos mexidos. [...] acho que você vai começar a se sentir um pouco desconfortável. Como você pode perceber, o que está realmente acontecendo é que o ovo está sendo 'reordenado'. [...] a clara e a gema se separaram. [...] E agora retornam de volta para o ovo. E todos nós sabemos intuitivamente que esta não é a forma pela qual o Universo opera. [...] Um ovo é belo e sofisticado, e pode criar coisas ainda mais sofisticadas, como galinhas. E nós sabemos, bem lá no fundo, que o universo não viaja de uma gosma mexida para um ovo complexo. Na verdade, este instinto está baseado em uma das leis mais fundamentais da Física - a Segunda Lei da Termodinâmica, ou a Lei da Entropia."

A Segunda Lei da Termodinâmica, ou *'Lei da Viagem Só de Ida'*, ou ainda e mais comumente chamada de *'Lei da Entropia'*, determina a viabilidade de um processo termodinâmico ocorrer na natureza – em termos de troca energética. Esta Lei afirma que determinados processos ocorrem somente em numa direção, e não podem ocorrer na direção oposta, ou não podem ser perfeitamente desfeitos. Esta seria A SETA DO TEMPO!

A Segunda Lei da Termodinâmica, conforme enunciada pelo físico e matemático alemão Rudolf Clausius (1822 – 1888) - considerado por muitos como o fundador da Ciência Termodinâmica -, expressa de forma concisa que:

> *"A entropia do Universo, [sistema mais vizinhança], com o passar do tempo, tende incrementar-se buscando um valor máximo."*

Em outras palavras isso implicaria que somente processos que conduzam a um aumento - ou quando muito à manutenção - da Entropia Total do Sistema "mais vizinhança", são observados na natureza. Em sistemas isolados, transformações que impliquem uma diminuição em sua entropia jamais ocorrerão. Mais sensivelmente, quando uma parte de um sistema fechado interage com outra parte, a energia tende a dividir-se por igual, até que o sistema alcance um equilíbrio térmico. Enquanto a Primeira Lei da Termodinâmica estabelece a conservação de energia em qualquer transformação, a Segunda Lei estabelece as condições para que as transformações termodinâmicas possam ocorrer.

Num sentido geral, a Segunda Lei da Termodinâmica afirma que as diferenças entre sistemas em contato tendem a igualar-se. As diferenças de pressão, densidade e – particularmente - as diferenças de temperatura, tendem a equalizar-se. Isto significa que um sistema isolado chegará a alcançar uma temperatura uniforme – como num copo de *whisky* com gelo.

Uma máquina térmica é aquela que realiza trabalho eficaz, graças à diferença de temperatura entre dois corpos. Dado que qualquer máquina termodinâmica requer uma diferença de temperatura, deriva que nenhum trabalho útil pode ser extraido de um sistema isolado em equilíbrio térmico; i.e., este sistema, para seguir em atividade e produzindo trabalho, sempre dependerá de alimentação externa de energia. A Segunda Lei também é enunciada quando confrontamos a crença na existência de máquinas de movimento perpétuo - ou moto contínuo.

A segunda lei da termodinâmica tem sido expressada de muitas maneiras, mas, sucintamente, podemos dizer ainda – e citando Clausius - que:

> *"É impossível construir um dispositivo que, por si só, isto é, sem intervenção do meio exterior, consiga transferir calor de um corpo para outro de temperatura mais elevada."*

Deste enunciado podemos estabelecer a impossibilidade do 'refrigerador ideal'; ou seja, todo equipamento refrigerador, para retirar calor de um ambiente, necessariamente produzirá mais calor externamente. Segundo o enunciado de Kelvin-Planck, para o mesmo fenômeno:

> *"É impossível construir de um dispositivo que, por si só, isto é, sem intervenção do meio exterior, consiga transformar integralmente em trabalho o calor absorvido de uma fonte a uma dada temperatura uniforme."*

Deste enunciado, podemos extrair, como consequência direta, a impossibilidade do 'motor ideal'. Toda a máquina produzirá energia a ser utilizada com o consequente desperdício de parte desta energia, que será dissipada na forma de calor. Isso já estava previsto pelo brilhante físico, matemático e engenheiro francês Sadi Carnot (1796 – 1832):

> *"Para transformar calor em energia cinética, utiliza-se uma máquina térmica, porém esta não é 100% eficiente na conversão."*

E nunca será! Como consequência direta desta impossibilidade, podemos retornar da digressão termodinâmica para invocar uma das provas mais contundentes sobre o 'fato' do Big Bang: a Radiação de Fundo e Micro-ondas [CMBR]. Essa radiação na verdade é calor, produzido como resquício do evento original, ou marco, do Big Bang. Desta forma, regressando às origens do fenômeno, e enquanto o Universo se expandia, o calor gerado foi propagado e distribuído por todo o Universo; e resultando em um processo de resfriamento deste mesmo Universo.

Então podemos calcular, se o nosso modelo estiver correto, qual deveria ser a temperatura intergaláctica; e os nossos cálculos foram coroados com precisas observações. Os dados do FIRAS (*Far Infrared Absolute Spectrophotometer*) foram calibrados utilizando os dados da sonda espacial WMAP (*Wilkinson Microwave Anisotropy Probe*) da NASA - que estudou o espaço profundo medindo as flutuações de temperatura observadas na CMBR -, obtendo uma temperatura cósmica de 2,72548 +/- 0.00057 K [-272 ºC]. Nada mal!

Arthur Eddington, renomado astrofísico britânico, disse que:

> *"A Segunda Lei da Termodinâmica tem, segundo o meu pensamento, a posição suprema entre as leis da natureza. Se alguém insistir que a sua teoria preferida do Universo está em desacordo a Segunda Lei da Termodinâmica, então não posso lhe dar esperança alguma, não há nada a esperar dela, senão cair na maior humilhação."*

O Universo formulou esta lei. Isaac Asimov (escritor e bioquímico russo-americano) definiu a Entropia de forma elegantemente simples:

"A Segunda Lei da Termodinâmica afirma que a quantidade de trabalho útil que você pode obter a partir da energia do universo está constantemente diminuindo."

Se dispusermos de uma grande intensidade energética em uma dada região do espaço e temperaturas mais baixas ao seu redor poderemos então obter trabalho desta configuração. Quanto maior for o gradiente ou diferencial de temperatura maior será o trabalho potencial a ser obtido. Quanto menor o diferencial menor o trabalho disponível. Então, de acordo com a Segunda Lei da Termodinâmica, sempre haverá uma tendência para áreas quentes se resfriarem e para áreas frias se aquecerem – de forma que, no tempo, cada vez menos trabalho poderá ser obtido deste sistema. Até que, finalmente, quando tudo estiver numa mesma temperatura, você não poderá mais obter nenhum trabalho deste sistema termodinamicamente equilibrado - mesmo que toda a energia continue lá. E isso é verdade para TUDO e para TODO o Universo.

E Então chegamos à Terceira Lei da Termodinâmica, ou Lei do Limite do Zero Absoluto; que estabelece um ponto de referência absoluto para a determinação da entropia - representado pelo estado derradeiro de ordem molecular máxima e mínima de energia – e enunciada como:

"A entropia de uma substância cristalina pura na temperatura zero absoluto é zero."

Pela Primeira Lei temos que a variação da energia interna "U", em um sistema fechado, depende unicamente de dois estados: o inicial e o final... sendo que:

$$\Delta U = Q - W$$

Onde "Q" é a quantidade de calor recebido pelo sistema, e "W" é o trabalho realizado - expressas algebricamente. Este princípio enuncia, *Id est*, a "Conservação de Energia". O conceito de temperatura é tratado na termodinâmica como uma 'quantidade matemática precisa' que relaciona calor e entropia... A interação entre essas três quantidades é descrita pela Terceira Lei da Termodinâmica, 'segundo a qual é impossível reduzir qualquer sistema à temperatura do zero absoluto mediante um número finito de operações'... De acordo com esse princípio, também conhecido como Teorema de Nernst, a entropia de todos os corpos tende a zero quando a temperatura tende ao zero absoluto...

E podemos afirmar ainda, pelo dito Princípio de Copérnico, *que não existe um centro para o Universo.* Não importa onde estejamos sempre estaremos no centro relativo deste Universo; e ainda assim poderemos afirmar que não existe um centro geográfico referencial. Trata-se de uma espécie de *argumento isotrópico* com desdobramentos filosóficos. Durmamos com todo esse barulho!

Um universo é isotrópico se apresentar uniformidade em todas as direções – e este ponto será demonstrado a seguir -, e sabemos que o Universo em que vivemos apresenta tal regularidade. Deste princípio derivamos colateralmente as seguintes questões filosóficas: (1) nenhum observador estará de fato no centro do Universo; (2) todo observador estará no centro de sua observação, ou no centro relativo de sua perspectiva.

O 'Princípio de Copérnico' não foi estabelecido por Nicolau Copérnico, mas foi erigido em seu nome, e inspirado por seu legado; pelo matemático e cosmólogo austro-britânico Hermann Bondi (1919-2005), no século XX. Por que homenagear Copérnico quando negamos a existência de um centro para o Universo, se Copérnico não alcançou tal proeza? A nomeação se justifica exatamente em razão das consequências filosóficas supracitadas e derivada de tal princípio; Copérnico, em seu tempo, perturbou a certeza tácita de que o homem habitava uma condição privilegiada no centro do Universo.

Formalmente, o importante Princípio de Copérnico afirma que a Terra não está em uma posição central ou favorecida no Universo. Mais recentemente, o princípio foi 'relativizado' pelo cosmologista britânico John Peacock, afirmando também que os humanos, pela posição relativa, não seriam observadores privilegiados neste universo; fomos relegados, tão somente, ao centro de nossa própria perspectiva de observação.

Por isso não existem observadores privilegiados, ao mesmo tempo em que todos os observadores sentem-se privilegiados em sua perspectiva observacional relativa; neste sentido - e não no sentido neuropsicológico - podemos alçar equivalência com o Princípio da Mediocridade.

Como afirmado anteriormente, tais conceitos impactam frontalmente um sem número de versículos filosóficos, com desdobramentos sobre fatais sobre a Teologia, Sociologia e Psicologia. A salvaguarda de nossa excepcionalidade intelectual e neuropsicológica também implica em que debater sobre o Universo e suas fronteiras começa pelo debate sobre o Comportamento Humano e suas fronteiras. E insisto que a Filosofia está bem distante deste debate; e que, portanto, mantém os seus esforços centrados sobre questões equivocadas ou mal redigidas.

Desde que formulamos o conceito de Cosmos, o Princípio de Copérnico vem substituindo o antigo Modelo Heliocêntrico de Copérnico. Mas a questão de como o Universo se pareceria quando observado a partir de outras regiões e planetas, tem animado a imaginação humana por milênios. O Filósofo romano Cícero (106-43AEC), por exemplo, já em sua *'República'*, descreve *"O Sonho de Scipio"* [ou *"Somnium Scipionis"*]; onde, de acordo com as crenças da época, o Universo visto de outros planetas seria completamente diferente do que quando visto da perspectiva terrestre. Ledo engano, mas podemos perdoar Cícero por suas conjecturas, muito embora o maior problema advindo desta questão estivesse relacionado com a posição "sagrada" do homem "bem no meio da criação" – e não com à eventual observação alienígena. Este era o dogma pitagórico-cristão com endosso platônico-aristotélico.

A primazia de Copérnico quando da releitura dos trabalhos de Aristarco e outros homens notáveis, decorria de retirar a Terra deste centro geográfico divinal e orbitá-la em relação ao Sol – o Modelo Heliocêntrico; com a consequência inevitável de destituir o homem de seu lugar no "centro da criação". Isso, por si só, já valia uma menção no Index Librorum Prohibitorum.

Se, no entanto, extrapolarmos o Modelo Heliocêntrico pelas conjecturas de Giordano Bruno - nascido cinco anos após a morte de Copérnico -, quando proclama impávido que "outras estrelas são como outros sóis" - e possivelmente contam seus próprios sistemas planetários -, então teremos algo que se aproxime do moderno Princípio de Copérnico. E esta ousadia valeria muito mais do que um lugar no Index. Bruno perderia o seu único emprego remunerado como frade dominicano, e a pira funerária católica arderia mais uma vez – como já sabemos –, na vã tentativa de conter a verdade. Giordano Bruno seria queimado vivo.

Tarde demais. A Terra não era o centro do Universo, e nem o Sol. E não existe sequer um centro. Hoje sabemos que o Sol se move em relação às estrelas vizinhas a uma velocidade de 20 km/s, enquanto viaja em rota de colisão com a constelação de Hércules; isso, enquanto é acompanhado por uma constelação dinâmica que por sua vez também circundam o centro da galáxia, a uma velocidade de cerca de 250 km/s. Além disso, a nossa galáxia também está em movimento dentro do Superaglomerado de Virgem, com uma velocidade relativa de várias centenas de quilômetros por segundo.

Mas, apesar da coragem da verdade, empunhada por homens notáveis, somente no século XX pudemos discursar como Sagan:

"Quem somos nós? Nós descobrimos que vivemos em um planeta insignificante, em uma estrela monótona, perdido em uma galáxia escondida em algum canto esquecido de um universo, e onde existem muito mais galáxias do que pessoas. "

Então, entre outros bons e complexos motivos, é hora de reclamar – sem demora – a enunciação de outro princípio, também derivado do Princípio de Copérnico: O Princípio Cosmológico. Este axioma nos diz, essencialmente, que o universo é o mesmo em todas as direções - e isso nós já sabíamos.

Invocando uma metáfora baseada no *filme concerto* da memorável banda britânica Led Zeppelin: *'The Song Remains the Same'* [*'A música permanece a mesma'*] (1973); ou melhor seria dizer: *'the sound remais the same'* [*'o som permanece o mesmo'*] – o 'som quente', a radiação em micro-ondas, do universo, da aurora do universo, e mais precisamente de seu aniversário de 380.000 anos - após um período conhecido como *'Inflação'*. Esta pode ser considerada a borda do Universo pra nós. Esta é a superfície caótica preenchida majoritariamente por fótons, em uma sopa contendo elétrons, quarks, além de outras partículas elementares. Estes são os fótons que detectamos ainda hoje como radiação cósmica de fundo em micro-ondas (CMBR).

Mais de 13,7 bilhões de anos se passaram desde a primeira foto de nosso universo recém-nascido, e esta imagem em plasma, em radiação, está estampada ao fundo e por toda parte, distante 46,5 bilhões de anos-luz em qualquer direção; i.e., o universo observável tem um raio de 46,5 bilhões de anos-luz - e, portanto, um diâmetro equivalente de 93 bilhões de anos-luz.

Todos os nossos melhores esforços em termos de observações do universo, pilotando os mais poderosos telescópios, sondas e laboratórios espaciais, supercomputadores, aceleradores de partículas, e, principalmente, utilizando o conhecimento coletivo das mentes mais preparadas do planeta; atestam que o universo, quando considerado em grandes escalas, permanece o mesmo, parecendo uniforme em todas as direções; assim como a densidade média de galáxias se mantém homogênea em toda a sua extensão observável, retroalimentando a alegação anterior de que, independente da distância ou direção, ela não será afetada.

O princípio cosmológico pode ser enunciado formalmente como:

"Visto de uma escala suficientemente grande, as propriedades do Universo são as mesmas para todos os observadores."

Esta afirmação também tem incontáveis implicações filosóficas, e significa que, apesar das exorbitantes dimensões e de nossas limitações tecnológicas, estamos abarcando todo o Universo com a compreensão científica. Isso implica ainda que as porções do Universo que somos capazes de esquadrinhar representam uma amostra segura do que há por toda parte.

De maneira sintética podemos dizer que a aventura do universo, quando da expansão do espaço-tempo, ocorreu de maneira uniforme em todas as direções. Podemos dizer ainda que as galáxias estão se separando, umas das outras, no mesmo ritmo – ou taxa -, conferindo ao universo uma densidade e estrutura quase uniforme.

Como resultado desta poesia da realidade, podemos dizer que o universo parece suave quando contemplado em grandes escalas. De forma que esperamos encontrar forças atuando de maneira uniforme, regidas por princípios que se repetem por toda parte, e por todo o Universo. Portanto, não devemos esperar irregularidades observáveis na estruturação em grande escala e ao longo da evolução do campo de matéria - conforme previsto pela Teoria do Big Bang.

O Princípio Cosmológico contém três qualificações implícitas, duas consequências testáveis, e contundentes implicações de ordem filosófica:

(1) A primeira qualificação implícita é a de que qualquer observador, em qualquer lugar do universo - e não apenas um observador humano, e não apenas um observador da Terra -, apreciará um universo similar, familiar, composto pelas mesmas estruturas e regido pelos mesmos fenômenos. 'A música universal parecerá a mesma', seja lá onde for, seja lá como for, e seja lá em que direção for. Este princípio isotrópico.

(2) A segunda importante qualificação implícita aprofunda o conceito anterior, estabelecendo parâmetros de investigação. As variações, em comprimento de onda, observadas dentro do espectro de absorção em quasares, estarão limitadas conforme a 'constante de estrutura fina' – que é determinada pela relação entre a velocidade da luz (c), a constante de Planck (h) e a carga do elétron (e) -, e abaixo de uma parte por milhão para uma distância no espaço-tempo de até 11,5 bilhões de anos-luz. Trocando em miúdos, em qualquer região do universo, circunscrita pelos limites anteriormente citados, deveremos encontrar homogeneidade 'fina'.

(3) A terceira qualificação aprofunda a segunda postulando que eventuais variações nas estruturas físicas podem ser acomodadas desde que não violem nenhuma Lei da Física: o Sol é diferente da Terra, algumas galáxias avançam em nossa direção, enquanto outras se afastam, as galáxias são diferentes entre si, assim como os aglomerados e superaglomerados de galáxias diferem de buracos negros, e o conjunto destas estruturas visto em larga escala conforma uma textura homogênea do Cosmos; mas nenhuma destas diferentes estruturas ou componentes pode violar as leis básicas da física.

As duas consequências estruturais testáveis do Princípio Cosmológico são, precisamente, a isotropia e a homogeneidade. Um Universo homogêneo significa que as mesmas evidências estarão disponíveis para observadores em diferentes posições do Universo. A isotropia, por sua vez, significa que as mesmas evidências observacionais poderão ser encontradas em qualquer direção que miremos ou busquemos no Universo; i.e., as mesmas leis da física se aplicam em todos os lugares e recantos do Cosmos.

Os princípios são distintos, mas relacionados; porque um universo que pareça isotrópico em relação ao ângulo de observação para duas direções arbitrárias (ou três, considerando uma geometria esférica) também deverá ser homogêneo em relação à posição. Mas nem todo universo que pareça homogêneo estará obrigado a ser isotrópico. A maioria dos exemplos intuitivos será tanto homogêneo quanto isotrópico, assim como o nosso universo; mas, teoricamente, podem haver universos ou fenômenos que apresentem uma propriedade e não a outra - esta alegação pode ser evidenciada com mais facilidade com exemplos gráficos.

Homogêneo significa literalmente *'ser o mesmo em toda parte'*, não importando onde você esteja no universo. Se você olhar para o universo da Terra ou de uma galáxia a um milhão de anos-luz de distância o universo parecerá familiar para as porções no espaço condizentes com a segunda qualificação (2). Isotrópico significa *'parecer o mesmo em todas as direções'*, ou em todos os ângulos de observação. Em grandes escalas, o universo parecerá o mesmo em todas as direções.

Forme, com o polegar e o indicador, uma espécie de mira, com uma área correspondente a uma moeda de 10 centavos e aponte para qualquer direção no céu noturno; você 'verá' que, com um telescópio de grande alcance, mesmo as regiões mais escuras no céu noturno abrigarão mais de 100.000 galáxias – contendo, cada uma, algumas centenas de bilhões de estrelas. Cerca de 10^{16} objetos celestes poderão ser cobertos pela mira de sua moeda imaginária. Enquanto você desloca esta mira pelo espaço, poderá constatar a homogeneidade e perfil isotrópico do mesmo; o Universo, em todas as regiões e direções parecerá ao seu aguçado olhar telescópico como *'um pouco mais do mesmo'*. A canção será a mesma enquanto você vagueia pelo universo.

Podemos contar a História do Universo a partir do Big Bang, avançado através de distintas eras e eventos de formação da matéria, seguidos pela constituição das estruturas estelares e galácticas; como esta história pode ser quase completamente reescrita em termos de processos físicos conhecidos, o princípio cosmológico também pode ser estendido para admitir a própria *'isotropia do tempo'*:

> *"[...] todos os pontos no espaço devem experimentar o mesmo desenvolvimento físico, correlacionado no tempo de forma que todos os pontos a certa distância de um observador pareçam estar no mesmo estágio de desenvolvimento. Neste sentido, todas as condições espaciais no Universo devem parecer homogêneas e isotrópicas para um observador em qualquer momento no futuro e no passado."* (Mainzer & Eisinger; 'The Little Book of Time', p.55; 2002)

Mesmo a radiação cósmica de fundo se mantém uniforme em todas as regiões e direções no céu; mesmo que, segundo a Teoria Cosmológica, ela tenha se originado em diferentes partes do universo primordial. Em 1923, Alexander Friedman desenvolveria uma variante do conjunto de equações da

Relatividade Geral para descrever as dinâmicas de um Universo homogêneo e isotrópico. A teoria de Friedman foi aplicada alguns anos mais tarde por Arthur Eddington e Georges Lemaître, com inegável sucesso.

O Princípio Cosmológico também é claramente afirmado no *'Philosophiæ Naturalis Principia Mathematica'* (1687) de Isaac Newton (1643-1727). Em contraste com cosmologias anteriores, ditas clássicas ou medievais, em que a Terra repousava incólume no centro do Universo, Newton conceituou uma esfera em movimento orbital em torno do sol, dentro de um espaço vazio que se estendeu de maneira uniforme em todas as direções, para incomensuravelmente grandes distâncias.

Ele demonstrou matematicamente e por meio de dados observacionais detalhados sobre o movimento de planetas e cometas, que tudo estava regido por um único princípio: a "Gravitação Universal". Tal princípio explicou com suficiente precisão, para a época, as órbitas das luas *galileanas* de Júpiter, o movimento da Lua em torno da Terra, e da Terra em torno do Sol, assim como fenômenos gravitacionais observados em nosso planeta. Ou seja, Newton afirmou a natureza material equivalente de todas as partes constituintes do Sistema Solar, assim como os seus fenômenos. Afirmou ainda que a natureza do Sol era idêntica a de outras estrelas distantes:

> *"[...] a luz das estrelas fixas é da mesma natureza que a luz do sol e que a luz passa de cada sistema para todos os outros sistemas: e para que os sistemas das estrelas fixas não caiam, devido à sua gravidade, uns sobre os outros, Ele [deus] colocou esses sistemas a imensas distâncias entre si."*

Ele também extrapolou uniformemente as Leis Físicas do Movimento para grandes distâncias, e para muito além do local de observação, ou da Terra em si. Newton assomou aos ombros de gigantes como Copérnico, Kepler e Galileu, e sem demérito.

[Aristóteles não antecipou Higgs com o éter]

3. Um Universo de Crenças

Aquele que se debruça sobre os números e leis da natureza buscando confirmações do 'sobrenatural', vai encontrar uma série de coincidências denominadas filosoficamente de *"coincidências antrópicas"*; trata-se do elenco de coincidências sem as quais a vida, e mais particularmente a vida humana, em última instância, não seria possível. Entre as coincidências ditas antrópicas, podemos citar a relação entre a força eletromagnética e a força gravitacional, ou a relação entre a massa do elétron e do próton, ou mesmo a relação de carga entre elétrons e prótons.

As constantes e leis que regem a natureza, nascidas do desdobramento evolucionário do Universo, são tais, que permitem – por exemplo - que as estrelas existam, que elas produzam elementos mais pesados que o Hidrogênio, que tenham um tempo de vida inverso à sua massa - quanto maior a estrela mais curta a vida e mais pesados os elementos químicos que é capaz de gerar -, que o carbono tenha quatro ligações, que as ligações químicas sejam possíveis, além de uma série de fatores contingentes para que possamos celebrar a vida.

Todos esses fatores tornam o universo possível, e, em última análise, tornam a existência de seres humanos possível. Este quadro, no entanto, irrompeu há aproximadamente 10 bilhões de anos, após o inicio do tempo; e isso porque apenas com o resfriamento do Universo, ele se tornaria menos inóspito à vida, abrindo espaço para as probabilidades nas quais existimos. Gosto de definir a minha própria vida como *'o hiato de minha inexistência'*, dado o fato inequívoco de que tal existência é tão mais improvável do que provável, que devo celebrar este *'hiato'* na certeza de minha *não-existência*, ao invés de glorificar o fato de existir. Trata-se de mero malabarismo poético-filosófico-científico, e tem funcionado.

Vivemos um tempo particularmente propício à vida, *pero no mucho*. O Universo ainda é majoritariamente inóspito para a vida, e este é um fato contra o qual não devem subsistir teimosas opiniões. [*Confiram o vídeo de Neil*

DeGrasse Tyson no YouTube: 'Um universo que não foi feito para nós'] Bastariam os fatos assinalados por Tyson – e que elencaremos no próximo capítulo - para solapar de vez o princípio antrópico da existência do universo; i.e., a crença de que *"o universo foi feito para o homem"*. Além de arrogante e delirante, tal tese, em nossos dias, remete a profundo grau de ignorância cosmológica, astronômica, astrofísica, física, química, biológica, e em relação ao estudo da Probabilidade e da Estatística, que precisamos ilustrar um pouco mais sobre sua insanidade intelectual.

A declaração das coincidências ditas *"antrópicas"* foi deflagrada originalmente por um astrônomo, Brandon Carter, que apresentou duas versões de seu argumento em 1974, que denominou de "princípio antrópico fraco e forte". O "princípio antrópico fraco" afirmava e ainda afirma que se o nosso universo não fosse compatível com a vida, não estaríamos aqui para nos maravilhar com ele. Carter não considerou, de fato, o universo, e sim particulares e ínfimas zonas neste gigantesco universo, e onde por acaso existimos e subsistimos. Claro, se não existíssemos não poderíamos especular sobre a questão. Mas vagando o olhar ao redor e adiante, constatamos um universo majoritariamente inóspito e impróprio para a vida.

Despertar a mera possibilidade para a vida é bem diferente de estar desenhado para a vida. Tal princípio, notadamente falacioso, nos remete também ao argumento do relojoeiro de Paley, ou argumento do *"design inteligente do universo"*, batizado pela Filosofia como *"Argumento Teleológico da Existência de Deus"*. Trata-se de um argumento criacionista e religioso, com fundações na dita *psicoteologia*; um argumento *a posteriori* sobre a existência de divindades – ou de um deus em particular, dependendo dos interesses políticos envolvidos - baseado em um arbitrário propósito moral para a natureza e para o universo. O argumento, em sua versão "fraca", alega que:

> *"Podemos inferir a existência de um criador dada esta premissa [a moralidade], presumivelmente um deus."*

Já o *"princípio antrópico forte"* exerce a prestidigitação sofismática, partindo do Princípio Copernicano – rigorosamente contrário ao antropocentrismo -, e invertendo sua conceituação, para supor que:

> *"[...] se não ocupamos uma posição privilegiada no universo, e o nosso universo suporta a vida, então só os universos que suportam a vida seriam possíveis."*

O que, na verdade, nos mantém no topo de uma espécie de lista "moral" de qualificações para 'universos possíveis': *'Este universo suporta a vida? Excelente! Vida humana? Melhor! Este não? Então passemos ao seguinte [...]'*. Mais uma vez, tal descalabro intelectual pode ser refutado pela simples e objetiva constatação de que este universo, o *nowverse*, tem uma história, e existe um marco dentro desta história, após o qual a vida se torna possível. Sendo assim, estamos lidando com uma oportunidade nascida no tempo, e nunca pré-programada.

Dito de outra forma: há 10 bilhões de anos, com uma temperatura média de 30.000 Kelvin, o nosso Universo era definitivamente impeditivo para a vida. E mesmo em nosso *nowverse*, as chances para a vida minguam escassas, e um infinitésimo de todo este vasto universo. Mesmo a Terra impõe os seus severos limites, e grande parte do planeta é inóspito à vida, e a majoritariamente inóspito à vida humana – na condição de observador privilegiado, e legado moral de uma eventual criação.

Barrow e Tipler, na década de 1980, coroaram com arrogância o *"princípio antrópico forte"*, com a fraca profecia de que:

> *"[...] o universo existe para que nós, seres humanos baseados no carbono e inteligentes, viéssemos a fazer a pergunta: 'por que o universo existe'"*.

Santa arrogância, santa ignorância. Eles não estavam brincando, e fizeram seguidores. O astrônomo britânico Fred Hoyle – mais famoso por seus erros do que por seus acertos -, passou a maior parte de sua vida defendendo posições inteiramente equivocadas, como "o universo estacionário", a "impossibilidade de evolução química no universo", entre outros absurdos, chegando a afirmar que:

> *"[...] qualquer um que examinasse as leis da física nuclear chegaria à conclusão que elas foram concebidas de forma intencional: deus."*

Hoyle disse ainda que:

> *"A sugestão de que o petróleo poderia ter surgido de alguma transformação de peixes esmagados ou detritos biológicos é certamente a mais ridícula noção a ser sustentada por um substancial número de pessoas durante um largo período de tempo."*

Hoyle não entendia sobre a dinâmica do Universo, nem sobre detritos biológicos que são convertidos em hidrocarbonetos, mas entenderia de deuses? Ele esteve errado sobre quase tudo e durante quase todo tempo todo, mas foi um equivocado de grosso calibre, imprescindível a certos debates. Hoyle, em seu sarcasmo pra lá de ignóbil, contribuiria em cunhar o termo Big Bang, alegando ser esta outra extravagância imaginária. Ele, mais uma vez, estava acachapantemente equivocado.

O problema de homens antropocêntricos em sua neuropsicologia, como Hoyle, são as declarações categóricas que pressupões embasamento científico. Em defesa de sua zona de conforto podem postular o que quer que seja, e mobilizarão argumentos aparentemente lógicos e racionais para justificar uma adesão que não passa de intuitiva – neste caso um falso positivo intuitivo.

Homens como Hoyle, Barrow e Tipler, não argumentam que a Terra, que veio antes do Universo - segundo relato bíblico -, tem 6.000 anos. Eles acompanham a realidade até certo ponto, até que decidem 'colocar fadas em seu jardim'. Então, a vida 'baseada no carbono' dormiu por 100 milhões de séculos – e irrompeu em doses 'homeopáticas' [sic] no último terço da existência do Universo; e assim foi, até que há 250 mil anos, o ator principal do espetáculo foi convidado a entrar em cena. Colocando em perspectiva de um espetáculo teatral, com a duração de aproximada de 2 horas, o ator principal teria entrado em cena por 1 décimo de segundo.

Extrapolando, em perspectiva, o espetáculo da História do Universo para a duração de *um ano Juliano*, temos que a saga da vida humana teria consumido menos de dez minutos. O homem teria surgido às 23:50hs, do dia 31 de Dezembro, e alguns querem acreditar que todo o ano transcorrido celebrou a sua existência. Dormimos por 13,6 bilhões de anos e acordamos nos últimos 250.00 anos, mas somos a razão de ser do Universo; isso, enquanto alguns, crentes na falácia suméria-abraâmica-cristã-islâmica ainda dormem até os nossos dias. E desde que foram 'despertados', há cerca de 5.000 anos, não cansam de insistir que durmamos todos, por o verdadeiro espetáculo, apesar do colossal e universal esforço, está por vir.

E peço perdão para reavivar o fabuloso aforismo de Morand:

"Se deus não conseguiu se sair bem com este mundo, por que se sairia melhor com outro?"

Além do que, e invocando os próprios princípios enunciados pelo argumento teleológico, a ordem mental de deus, assim como a funcionalidade de suas atitudes, ainda precisará debatida e esclarecida. Se invocarmos uma lógica causal, e baseados em preceitos morais para estabelecer a existência contingente de um criador, então precisaremos seguir sobre estes mesmos princípios para explicar suas ações. Caso contrário, não devemos perder tempo com circunlóquios e truques, e sigamos diretamente para a honesta constatação de que não sabemos o que dizer, e não sabemos verdadeiramente de nada.

Aceitando premissas dogmáticas como a purificação esotérica pitagórica, a perfeição ordenada pelo *Demiurgo* platônico, o códice do vingativo deus de Abraão, o universo de culpas agostinianas, os recalques aquinianos, o imperativo categórico kantiano, e a eterna luta histórica hegeliana - sua face sociológica marxista e sua face racial hitleriana; não haveríamos avançado muito na compreensão do Universo que nos cerca, da vida que nos habita, e do comportamento que nos move. Homens menos inclinados ao fascismo tratariam de abrir espaço em meio à escuridão, como Aristarco, Leucipo, Demócrito, Hipócrates, Lucretius, Galileu, Kepler, Darwin, Mendel, Cajal, Hume, Russell, Sagan, Pinker, Gazzaniga, Watson e Crick – entre tantos notáveis.

Outros *"antropocêntricos"* foram ainda mais longe, tomando a interpretação de Copenhague sobre a Mecânica Quântica às avessas. Quando esta afirmava textualmente que a superposição quântica termina quando um fenômeno superposto é observado – ou "a função de onda entra em colapso quando é medida"; o movimento antropocêntrico afirmou que agora o universo exigia um observador inteligente para seus fenômenos, e que, portanto, "nós fomos feitos" para isso – observar fenômenos quânticos.

Sobre a ótica da mecânica quântica, muito mal utilizada pelo proselitismo esotérico e antropocêntrico das crendices, o físico americano Hugh Everett (1930-1982) propôs, já em 1957, que a superposição quântica não é, de forma alguma, resolvida por um mesmo observador. Segundo Everett, todos os estados quânticos possíveis e todas as combinações possíveis acontecem, gerando uma infinidade de universos possíveis – uma tarefa impossível de ser abarcada por um único observador, carecendo de uma infinidade de observadores simultâneos.

Dito de outra forma, quando um estado de superposição é alcançado o Universo se ramificaria em vários universos alternativos, ou possibilidades alternativas, uma para cada um dos estados de superposição possíveis; no caso do famoso experimento do Gato de Schroedinger – proposto pelo genial físico austríaco Erwin Schrödinger (1887-1961) -, por exemplo, teríamos dois universos, um em que o gato está vivo e outro em que ele está morto, sendo o observador dispensado.

Mas nem precisaríamos nos desdobrar em refutações, bastando dizer que o universo de validez das prerrogativas ditas 'quânticas' está bem delimitado pela Constante de Planck. O trabalho do gigantesco físico alemão Max Planck (1958-1947) formou uma base sólida para que outros gigantes como Werner Heisenberg (1901-1976), Paul Dirac (1902-1984) e Richard Feynman (1918-1988) fossem solidamente erguidos – assim como o próprio Einstein (1879-1955). Sobre Max Planck, Einstein escreveria:

"Um homem a quem foi dada a oportunidade de agraciar o mundo com uma grande ideia criativa não precisa do louvor da posteridade. Sua própria façanha já lhe conferiu uma dádiva maior!"

E esta 'dádiva' resolve o problema aqui. Planck foi laureado com o Nobel de Física em 1918, exatamente por formular a famosa Constante de Planck –

que alguns consideram como a Constante de Dirac; este parâmetro delimita, em magnitude, o 'mundo quântico' ou o universo de validez da Física ou Mecânica Quântica. Portanto, o que determina e caracteriza um assunto como 'Quântico' é a Constante de Planck:

$6,626068 \times 10^{-34}\ m^2\ kg/s$

Como proceder? Este número colossalmente diminuto será dividido pela massa da partícula a ser estudada, para estabelecer a sua velocidade. Ou seja, a Constante de Planck demarca 'o que é realmente muito pequeno e muito rápido'. Por exemplo: a massa de Elétron é $9,1093897 \times 10^{-31}$ kg, e sendo assim, 'passa pra cá!', o Elétron está definitivamente dentro dos limites do mundo da Mecânica Quântica. Uma molécula estaria fora, e completamente fora. Um fragmento do tecido epitelial, mesmo em dimensões diminutas, perscrutadas apenas por microscópios eletrônicos, estaria ainda mais descabidamente fora do espectro da Física Quântica. Mesmo um neurônio, ou uma bactéria, estão completamente descartados para o universo de validez da Física Quântica. De forma que, um organismo complexo, um ser vivo, ou um homem, estará completa e irremediavelmente aprisionado nos limites da Física Clássica; e sem subterfúgios, que não a demonstração cabal de pouca familiaridade com noções elementares de Física.

Finalmente, não há nada que relacione a Mecânica Quântica com a descrição dos desdobramentos de eventos sociais ou históricos. E se o complexo da Mecânica Quântica pode ser invocado para justificar tolices, e de maneira sofismática, também estamos a postos para contar o truque.

Mas, supondo que fomos feitos para apreciar fenômenos quânticos, por que precisamos de um espaço tão grande para nossos ensejos morais? Por que 93 bilhões de anos-luz em diâmetro universal. Partindo do fato de que 1 ano–luz corresponde a $9,46 \times 10^{15}$ metros, e considerando o volume da esfera de 4/3 πr^3, tendo o raio do universo expresso em 46,5 bilhões de anos-luz, ou seja $439,89 \times 10^{24}$ metros, obtemos um volume de $355,8 \times 10^{78}$ m³ ; considerando o volume total da Terra – à qual estamos confinados – de cerca de $1,0 \times 10^{36}$ m³, denota um exagero espacial com 42 zeros em volume.

Isso sem considerar a *"criação"* de centenas de bilhões de galáxias, com centenas de bilhões de estrelas cada, para que habitássemos um minúsculo planeta ao redor de uma pequena estrela. Cerca de 10^{22} estrelas para que apenas um *sol* brilhasse em nossos dias? Uma severa extravagância, e apenas para decorar nossas noites; se, com muita sorte, só poderemos denotar 5.000 desses reatores termonucleares em uma rara e espetacular noite estrelada.

Não podemos precisar o número de estrelas no universo, mas os melhores prognósticos apontam para uma estimativa entre 10^{22} e 10^{24} (*Nature; NASA*). Uma maneira de fundamentar este prognóstico é estimar o número de galáxias, o número médio de estrelas por galáxia, e efetuar a multiplicação. A imagem produzida pelo Telescópio Espacial Hubble em 2004, conhecida como '*Ultra Deep Field*', contém um número estimado de 10.000 galáxias, correspondendo a uma área varrida por 3,4 minutos de arco em cada lado. Apenas como comparação relativa, para cobrir a nossa Lua cheia com este tipo de imagem, seriam necessária 50 exposições. Se esta área é típica e representativa no universo, e sabemos que ele é homogêneo e isotrópico, então existiriam mais de 100 bilhões de galáxias no universo. Em 2012, o Hubble produziu outra imagem para uma área equivalente, mostrando uma densidade um pouco maior de galáxias. Para calcular o número de estrelas com base nessas imagens, precisaríamos de pressupostos adicionais, como a porcentagem de galáxias grandes e anãs, e estimativas mais finas sobre o número médio de estrelas. A suposição de 100 bilhões de galáxias como um número médio é bem razoável, assim como a extrapolação igualmente média para o número de estrelas em 100 bilhões por galáxia, resultando na estimativa de 10^{22} estrelas no universo.

Se quisermos seguir em frente, precisaríamos da massa média estelar; podemos considerar a distribuição espectral média observada na Via Láctea, com 73% de estrelas em 'M' – contendo apenas 30% da massa do Sol -, e aprofundando a estimativa média para 51,5% da massa do Sol. Massa do Sol é de aproximadamente 2×10^{30} kg, portanto, um número razoável para a massa de uma estrela média do universo é 10^{30} kg. Sendo assim, a massa de todas as estrelas é igual ao número de estrelas multiplicado pela massa média de uma estrela, e chegamos à fantástica massa de 10^{52} kg.

O próximo passo seria calcular a massa no Meio Interestelar (ISM) e Intergaláctico (IGM). ISM é material entre as estrelas: gases - principalmente hidrogênio - e poeira. IGM é material entre as galáxias, principalmente Hidrogênio. Também existe matéria ordinária - prótons, nêutrons e elétrons - no ISM e IGM. Na referência '*The Cosmic Energy Inventory*' de Fukugita e Peebles (2004) a percentagem de massa para estrelas é igual a 5,9%, ISM igual a 1,7%, e IGM 92,4%. Assim, para extrapolar a massa de matéria ordinária no universo a partir da massa estelar, bastaria dividir a massa calculada de 10^{52} kg para as estrelas por 5,9%, correspondente à sua participação do total do universo, e chegamos ao incrível resultado de $1,7 \times 10^{53}$ kg para toda a matéria ordinária. Mas esta matéria corresponde a apenas 4,9% da massa total do universo, que estaria sobrecarregado pela matéria escura e pela energia escura. Então se dividirmos $1,7 \times 10^{53}$ kg por 4,9% teremos $3,46 \times 10^{54}$ kg.

Não é por acaso que a fantasia criacionista bíblica consumiu apenas o happy hour do quarto dia para tal façanha. Fantasia por fantasia, assim fica mais *'espetaculoso'*, já que o engodo pode ser facilmente denunciado, e sem chances de ser considerado espetacular. Como no aforismo de Tertuliano parafraseado por Agostinho, que, por sua vez, foi parafraseado por Kierkegaard:

Credo quia absurdum. [Creio porque é absurdo.]

Neste caso a quintessência do conceito de absurdo, porque chamar de *"projeto"* a semelhante desperdício, e considerar tal desvio de conduta como *antropocentrado*, é definitivamente um absurdo. E celebrar o absurdo é ainda muito mais absurdo.

Portanto, segundo os defensores do princípio antrópico, a coincidência de todos os valores de constantes e leis da natureza serem apropriadas para a vida é tão improvável que não dá para pensar em coincidência. O problema, como já foi esclarecido, reside nos pressupostos da questão. Não existe tal coincidência, senão uma tênue possibilidade aberta em meio à um processo evolutivo do universo. Quero afirmar com isso que o universo permaneceu por dois terços de sua existência completamente inóspito à vida; e, neste último terço, abriu uma parca e extremamente limitada possibilidade.

O Universo, o nosso universo, é mais do que impróprio para a vida; ele é claramente nocivo e letal à vida. Além disso, estamos *antropocentrados* por conta de nosso sistema neural, e mais precisamente por conta de um subsistema interpretador que possuímos em nosso hemisfério esquerdo do Neocórtex cerebral.

Ainda estamos sujeitos à todo sorte de Vieses e Desvios Cognitivos de Confirmação', ilusões, delírios e alucinações, vivenciadas por um órgão em processo evolucionário, sujeito à contingências adaptativas.

Somos maravilhosamente imperfeitos!

Não bastassem tais argumentos e tendências, se estamos constituídos como observadores vivos então julgaremos a questão sob a ótica de um organismo que veio a existir – portanto possível; mas devemos considerar as diminutas chances para tal – portanto improvável. Julgamos o fenômeno da perspectiva da *'chance improvável'*; e é lógico que enalteceremos a possibilidade, embora improvável, de que o fenômeno ocorra, pois ocorreu conosco.

O matemático americano John Allen Paulos em seu livro *'Inumerismo: O Analfabetismo Matemático e Suas Consequências'*, alerta contra conclusões baseadas em probabilidades *a posteriori*, ou da análise depois do evento ocorrido. *A improbabilidade não é necessariamente prova de qualquer coisa*: quando você recebe uma mão de cartas no *bridge* de 13 cartas, a probabilidade de haver recebido aquela mão específica é de uma em 600 bilhões - uma probabilidade extremamente baixa; mas seria absurdo supor que aquela mão nunca seria distribuída, e somente por ser extremamente improvável. Todas as mãos são igualmente improváveis, e todas as configurações de mãos no *bridge* possuem a mesma chance de serem distribuídas.

A chance para a vida existe, e aparentemente como uma probabilidade, em nosso *nowverse*, bem inferior a qualquer mão no *bridge*. Este não é um argumento animador para alguém que defende a tese de que a vida é o propósito do Universo. Em um dado com seis faces podemos dizer que este *'universo'* de possibilidades é bem democrático para os números de 1 a 6. Mas, em um dado de seis faces com cinco marcações do número *'um'* e apenas uma marcação do número *'dois'*, não poderemos afirmar que este *'universo'* de possibilidades está desenhado para o número *'dois'*. Este é *o universo do 'um'*, e onde o *'dois'* figura como mero coadjuvante – possível, porém, improvável. E o que dizer que um universo extremamente impróprio para a vida? Este não é o *universo da vida*. A questão está mal formulada em seus pressupostos, alegando erroneamente que a vida é prolífica no universo - o que não é minimamente verdade.

Mas existe esperança. O estudo da Ciência da Probabilidade e da Estatística, como afirmo, deveria ser ensinado ainda no ensino fundamental, e concomitantemente às demais ciências; hoje, uma profusão de novas obras lança luz sobre a aleatoriedade e complexidade que nos rege; obras como: o livro de Paulos, o 'Andar do Bêbado' e 'Subliminar' de Mlodinow, 'A Lógica do Cisne Negro' de Nassin Nicholas Tale, 'Uma Senhora Toma Chá' de David Salsburg, 'Os Números do Jogo' de Chris Andersone David Sally, 'Os Números Que Governam Sua Vida' de Kaiser Fung; além de obras de Genética demonstrando a força do acaso como: 'A Colher Que Desaparece' e 'O Polegar do Violinista' de Sam Kean. Não podemos soltar fogos de artifício, afinal os livros esta pequena lista de títulos que evocam a lucidez não podem fazer frente ao arsenal de material que evoca o pensamento mágico - abundante em todas as livrarias, e por todo o planeta.

Quando alguém enaltece o valor de ler, sempre incluo a ressalva de que 'depende do que estamos lendo'. Paulo Coelho, Freud, Jung, Augusto Cury, Sergio Cortella, Osho, Zíbia Gasparetto, Kardec, Chico Xavier, infestam as estantes dos melhores endereços livreiros. Este lixo gastou muito papel, tinta, tempo, recursos, e o que é ainda pior: ocupou o espaço do nobre conhecimento. E assim é.

Enquanto finalizo o manuscrito deste livro, acabo de receber pelo correio 'A Lógica do Cisne Negro'; e bem a tempo de fazer uma inclusão ansiosa, e replicar pelo menos um dos brilhantes aforismos do autor:

> *"O que chamo de platonismo, em função das ideias (e da personalidade) do filósofo Platão, é a nossa tendência a confundirmos o mapa com o território, a concentrarmo-nos e 'formas' puras e bem definidas, sejam elas objetos, como triângulos, ou noções sociais, como utopias (sociedades construídas a partir de um plano que 'faz sentido'), até mesmo nacionalidades. Quando estas ideias e constructos concisos habitam nossas mentes, damos prioridade a eles em face de outros objetos menos elegantes, aqueles que possuem estruturas mais confusas e menos tratáveis."*

Esse é o problema de confundir ideias com a Realidade, e este é o problema do desprezo pela prova; como acentua ninguém menos do que o impagável poeta e 'pensador' argentino Jorge Luis Borges (1899-1986):

> *"A Realidade nem sempre é o que presumimos ou esperamos."*

Borges aprofunda:

> *"Eu conheci a incerteza: um estado desconhecido para os gregos."*

O *platonismo* – ou *pitagorismo* -, a prisão da perfeição e da falsa noção de previsibilidade dos fenômenos, faz com acreditemos entender mais do que de fato entendemos. E quando demonstramos a REALIDADE em contraste com os fantasiosos mapas mentais, somos acusados de escolher o *modus operandi* desta realidade. Não estamos contra a existência de um deus, ou muitos, e nem a favor de um universo implacavelmente despido de conceituação moral. Apenas estamos lendo o que a realidade nos conta, e seguindo em frente.

O princípio antrópico, antroposófico, antropocêntrico, ou de qualquer orientação centrada na importância central e moral do homem em face do Universo, trata de explicar um mistério com outro, afinal se precisamos arbitrar um criador para arbitrar constantes universais, precisaríamos justificar a existência deste criador. E assim não vamos à parte alguma.

O filósofo, historiador e ensaísta escocês, David Hume (1711-1776), outro gigante notável, nos coloca diante de importantes reflexões:

> *"[...] a mente humana mostra uma tendência maravilhosa para oscilar entre diferentes tipos de religião: eleva-se do politeísmo para o monoteísmo para voltar a afundar-se na idolatria. [...] Neste processo, os homens chegam ao estágio de um só Deus como ser infinito, a partir do qual nenhum progresso é possível."*

Acentuando a debilidade de nossa lucidez, e denunciando que.

> *"[...]nenhum testemunho é suficiente para estabelecer algo como milagre, a não ser que seja de tal espécie que a sua falsidade se mostre mais milagrosa do que o fato que ele se esforça por estabelecer."*

Finalmente Hume invoca a ética da prova, e da necessidade do confronto de nossas convicções com a realidade:

> *"[...] em realidade, todos os argumentos a partir da experiência são baseados na semelhança que descobrimos entre os objetos naturais, e pela qual somos induzidos a esperar efeitos similares àqueles que constatamos se seguirem de tais objetos. [...] A partir de causas que parecem similares esperamos efeitos similares. Isso é a suma de todas as conclusões experimentais."*

Donde podemos derivar não apenas os rudimentos da 'prova empírica' e a necessidade de confrontar o nosso solipsismo, mas ressalta o papel da Ciência, e da nobre arte de tornar-se ciente pela prova, a partir o teste de nossa própria lucidez em contraste com a realidade que nos cerca.

Os porta-vozes do sobrenatural normalmente invocam em seu favor manifestações de uma tal *"causalidade não causada"*; a prestidigitação filosófica de teses como *"A Causa Primeira"*, *"O Primeiro Motor"*, *"Causa Sui"*, dos Argumentos *"Ontológico"* e *"Teleológico"* - estabelecidos a partir da observação de fenômenos naturais e físicos, para, em seguida, e *'magicamente'*, invocar analogias entre estes mesmos conceitos e a descrição de fenômenos 'não-evidentes', 'não-naturais', e 'não-observados'. Muito se fez, ao longo da História, em nome de tais dogmas; vemos isso através dos *constructos* ditos filosóficos de Pitágoras, Platão, Aristóteles, Agostinho, Aquino, Kant, Leibniz, Descartes, Hegel, Husserl, Marx e Heidegger – entre outros.

Russell ironiza:

> *"Afirma-se — não sei com quanta veracidade — que certo pensador hindu acreditava que a Terra estava apoiada em um elefante. Quando lhe perguntaram no que o elefante de sustentava, respondeu que se sustentava numa tartaruga. Quando lhe perguntaram sobre o que a tartaruga se sustentava, ele disse: 'Estou cansado disso, vamos mudar de assunto'. Isso ilustra o caráter insatisfatório do argumento da 'Causa Primeira'."*

Hume faz ainda melhor:

> *"[...] poder e necessidade [...] são [...] qualidades de percepções, não de objetos [...] Vamos descansar tranquilos com estas duas relações, contiguidade e sucessão, como uma ideia completa da causalidade? De maneira nenhuma [...] há uma conexão necessária a levada em consideração."*

Hume denunciou em particular o 'vício de consentimento filosófico', ou desvio cognitivo de confirmação, conhecido pela expressão latina *'Post hoc ergo propter hoc'* - ou *'depois disso, logo causado por isso'*, ou ainda *'depois disso, por causa disso'*. Trata-se da mais comum dentre as incontáveis falácias previstas pela Lógica Discursiva, também conhecida como 'Falácia da Correlação Coincidente'; e consiste da falsa ideia, ou da ilusão, de que dois eventos que ocorram em sequência cronológica estarão necessariamente interligados através de uma relação de causa e efeito - ou causal. Este é um equívoco perceptivo da realidade particularmente tentador; e isso porque, de fato, a sequência temporal parece ser parte integrante da causalidade observada. Entretanto, a falácia cognitiva reside na conclusão precipitada baseada unicamente na ordem dos acontecimentos, sem considerar outros fatores que possam validar ou refutar tal conexão.

Hume questiona tal crença, notando que se por um lado é óbvio denotamos os dois eventos, ou fatos, por outro lado a conexão entre os dois não possui a mesma obviedade ou *factualidade*. Hume aponta ainda que quando testemunhamos a ocorrência de dois eventos, e quando tal sincronismo parece se repetir, tendemos a criar uma expectativa de que quando o primeiro ocorra o segundo o seguirá.

Post Hoc Ergo Propter Hoc
Estrutura Lógica:
Quando A ocorre, B ocorre
Logo, A é a causa de B

Alguns exemplos:

"O galo sempre canta antes do nascer do Sol. Logo, o sol nasce porque o galo canta."

"Uma pessoa muda-se para uma república e algum tempo depois o fogão quebra. Então, os antigos moradores da república concluem: 'nós nunca tivemos problemas com o fogão até que você se mudou para cá; logo você é a causa desse problema'." - nesta falácia assume-se que, por preceder um evento, este outro evento deve ser necessariamente a sua causa;

"Tia Augusta caminhava à noite em torno do lago de sua fazenda e isto causou a remissão do câncer que a consumia."

"Desde que pintamos nosso quarto de verde, não consigo me livrar deste maldito resfriado. O verde deve ser uma cor que provoca essa reação em mim."

"A aptidão literária de nosso povo entrou em queda desde que a TV apareceu. A TV foi a maior causadora da falta de leitura de nosso povo."

E como sair deste enrosco? Como nos desvencilharmos desta conjunção constante entre fatos e expectativas? Esta é a essência da superstição. Considerando ainda que a nossa percepção dos 'fatos' também está sujeita a importantes desvios. Hume, ainda no século XVIII, avança sobre o que hoje comprovamos pela Neurociência: o cérebro é estimulado por instintos, estabelecidos através do processo evolucionário, e pode cometer 'falsos positivos', desvios ilusórios, delirantes e alucinatórios. Somos, portanto, maravilhosamente 'imperfeitos'; e é neste ponto que fronteira estabelecida pela *'dobra pitagórico-platônico-cristã'* de nossas crendices mais arraigadas – e intuitivas -se torna particularmente explosiva.

O apelo aos milagres é parte importante do proselitismo religioso. Hume argumentou ainda que os milagres não poderiam ser considerados como plausíveis, se nomeadamente violam as leis da natureza, e, portanto, as leis estabelecidas pelo próprio deus. E como reordenaríamos a natureza quando for desordenada pelos milagres? Este tema assume relevância cataclísmica quando o brilhante escocês considera a questão da suposta "ressurreição de Jesus":

> *"[...] o que é que é mais provável, que um homem se erga dos mortos ou que este testemunho esteja incorreto, de uma forma ou de outra?"*

Ou, mais sutilmente: *'o que seria mais provável, que o Uri Geller pode realmente fazer dobrar colheres com a sua mente, interrompendo o curso da natureza e suspendendo suas leis, ou que isso seja algum tipo de truque?'* Esta é uma analise crítica dita *'bayesiana'*.

Thomas Bayes (1701-1761) foi um pastor presbiteriano e matemático inglês, eleito como membro da consagrada *Royal Society of London* em 1742. Ao contrário de seu antecessor, no panteão da Ciência da Probabilidade e Estatística, Jakob Bernoulli (1654-1705) – responsável pelo Teorema que leva o seu nome –, Bayes nunca publicou um artigo científico, não buscou qualquer notoriedade por seu conhecimento, e abraçou o estudo da Teologia. Bernoulli não quis saber de Teologia, buscou a fama e o dinheiro, e foi responsável por inúmeras publicações científicas; dentre elas o Teorema de Bernoulli é sem dúvida uma de suas conquistas intelectuais mais populares.

O Teorema estuda um caso particular de Lei dos Grandes Números, e busca precisar a frequência de aproximação de um sucesso probabilístico conforme repetimos o experimento; por exemplo: quantas 'caras' devemos esperar se lançamos uma moeda *'não-viciada'* à sorte, indefinidas vezes? Bayes, por sua veze, investigou sobre *'quanta certeza podemos obter de que uma moeda não está viciada após abalizarmos uma determinada série de lançamentos (?)'*.

Mas, a Teoria pela qual Bayes merece todo o nosso respeito, veio à luz em 23 de Dezembro de 1763, durante uma reunião da *Royal Society*; o pastor dissidente, filósofo e matemático inglês Richard Price (1723-1791) leu em alto e bom som, diante de uma seleta plateia, um artigo científico apócrifo, assinado por Bayes. Bayes havia deixado o artigo – acompanhado de 100 libras esterlinas – para *"alguém que suponho ser um pastor de Newington Green"* – supostamente Price. Bayes morreu quatro meses após assinar o seu *'valioso'* testamento. Vale notar que Price não era um pastor obscuro qualquer, e estava metido em boas encrencas, como a luta pela liberdade de culto, e tempo participado da independência americana; era amigo de Benjamin Franklin, e foi escolhido por Adam Smith para criticar um esboço de 'A Riqueza das Nações'.

O fato é que o artigo intitulado *'Um Ensaio Buscando Resolver Um Problema na Doutrina das Probabilidades'* foi publicado em 1764 na revista *'Philosophical Transactions'*; e embora a *'Probabilidade Condicional'* bayesiana tenha desencadeado uma verdadeira revolução sobre o estudo da aleatoriedade, Thomas Bayes era um pensador introspectivo, discreto, e o seu trabalho – agora apresentado por Price - não recebeu inicialmente a atenção merecida.

Seria necessário outro homem, outra personalidade, e um estilo mais aguerrido, como o do cientista e matemático francês Pierre-Simon de Laplace (que será revisitado mais adiante), para estimular a atenção da comunidade científica para a contundência das ideias de Bayes. Laplace representou aqui um papel análogo ao representado por Huxley em defesa da 'Evolução' de Darwin. E só assim, as valiosas reflexões e ponderações de Bayes sobre a realidade, e que haviam alimentado sua satisfação pessoal, agora, e após a sua morte, iniciavam uma jornada espetacular através das mentes de incontáveis pensadores, sendo rememorada aqui e nestas páginas 250 anos depois de publicadas.

Mlodinow nos brinda um singelo vislumbre das muitas aplicações do trabalho de Bayes:

> *"Se um medicamento acabou de 45 dos 60 pacientes num estudo clínico, o que isso nos informa sobre a chance de funcionar no próximo paciente? Se funcionou para 600 mil dentre 1 milhão de pacientes, está bastante claro que sua chance de funcionar está próxima de 60%. Porém, que conclusões podemos tirar a partir de estudos menores?"*

E se você acredita que tal reflexão não impacta diretamente a questão aqui proposta, ou seja, a hermenêutica por trás das crenças religiosas e crendices criacionistas, ou da suposta intencionalidade ou projeto do Universo, posso demonstrar que está enganado. Em suma, tais questões decorrem da presunção de conclusões que carecem de significativa experiência – ou dados. Dito de outra forma, a maior parte das nossas experiências é enganosa porque a amostragem sobre a qual precipitamos o nosso juízo é insuficiente.

Além da incerteza de nossa cognição e processamento neural, previsto pelo estudo neurocientífico dos Desvios Cognitivos de Confirmação, ainda padecemos de parcos recursos evolucionários para a convivência com fenômenos complexos, caóticos e probabilísticos. A savana africana 'parece' haver selecionado e nos dotado, antes, de intuição causal, simplista, de primeira ordem. Uma consequência provém de uma causa direta e inequívoca. Mas ampliamos as fronteiras de nossa investigação, e apenas por meio do conhecimento acumulado, e do vasto acervo científico, podemos assimilar voos mais altos, e endereçar a "clareza sobre a vastidão".

Citando mais uma pérola do 'Andar do Bêbado' de Mlodinow:

> "[...] a probabilidade de que uma pessoa escolhida aleatoriamente tenha problemas psiquiátricos e a probabilidade de que uma pessoa aleatória acredite que sua esposa consegue ler a sua mente são muito baixas, mas a probabilidade de que uma pessoa tenha problemas psiquiátricos se acreditar que a esposa consegue ler a sua mente é muito mais alta, assim como a probabilidade de que uma pessoa acredite que a esposa consegue ler a sua mente se tiver problemas psiquiátricos."

Isso é desconcertante, embora seja bem esclarecedor. Mas não se preocupe se serviu a carapuça, pois não significa que você tenha problemas psiquiátricos; pode estar apenas à mercê de crendices por falta de conhecimentos diversos, e entre eles a Probabilidade e a Estatística. E aprofundo esta digressão por não ser capaz de deixar dois casos de fora: o drama do caso 'Sally Clark' e a vergonha do caso 'O.J. Simpson'.

A Teoria de Bayes nos trás à luz um valoroso princípio:

> A probabilidade de que A ocorra se B ocorrer geralmente difere da probabilidade de que B ocorra se A ocorrer.

Nos círculos jurídicos, a não observância deste importante princípio, é conhecida por falácia da acusação; e isso porque os advogados de acusação costumam utilizar intencionalmente tal artimanha para induzir o júri a condenar suspeitos com base em provas insuficientes; isso foi o que aconteceu na Inglaterra no terrível caso 'Sally Clark'. O primeiro filho de Sally morreu com apenas 11 semanas de idade, e a autópsia não conseguiu apontar uma causa; em casos como esse a certidão de óbito indica a causa mortis como decorrente da síndrome da morte súbita do lactente – ou infantil.

Sally superou a dor da perda de seu bebê e passou por uma nova gestação; mas o segundo bebê também morreu, e desta vez com 8 semanas de vida. Poucas mortes são tão misteriosas e traumáticas para as famílias quanto a síndrome da morte súbita; e que normalmente acomete suas pequenas vítimas durante o sono, e mesmo no caso de bebês aparentemente saudáveis.

Quando o segundo óbito foi lavrado, a mãe foi presa e acusada sumariamente de sufocar os filhos - mesmo não havendo nenhuma prova ou evidência do crime. Durante o julgamento, a acusação convocou um pediatra 'especialista', Sir Roy Meadow, sob a alegação de que, com base na raridade da síndrome, a única possibilidade plausível para a morte dos bebês seria o assassinato – e procedido pela própria mãe. Meadow foi então solicitado a calcular a probabilidade de que as duas crianças houvessem falecido de morte súbita; o resultado de sua análise apontou que a chance para tal evento seria de 1/73 milhões. A acusação não se preocupou em apresentar nenhuma outra prova, alegando que tal probabilidade tão 'exígua' deveria ser suficiente para condenar a mãe pelos crimes. Este argumento é suficiente e bastante? O júri achou que sim e mandou a Sra. Clark para a prisão em algum dia obscuro em Novembro de 1999.

Sir Meadow, o 'especialista', apresentou o seu 'memorial de cálculo'; ele estimara que a probabilidade de que apenas uma criança morresse da síndrome seria de 1/8.543, e para calcular a probabilidade de que duas crianças padecessem do mesmo mal ele simplesmente multiplicou as duas probabilidades, ou 1/8.643 x 1/8.643. Assim Meadow chegou à probabilidade de 1/73 milhões que condenaria a vida de Sally.

O raciocínio simplista da acusação presumiu a independência das mortes entre si; i.e., nenhum efeito ambiental ou genético esteve envolvido, e que pudesse, de alguma forma, incrementar o risco de morte do segundo bebê, considerando que o primeiro bebê – seu irmão - tenha morrido da mesma causa. Um editorial publicado no *British Medical Journal*, algumas semanas após o notório julgamento, corrigiu a probabilidade de que dois irmãos morressem da mesma síndrome em 1/2,75 milhões. Ainda assim, uma possibilidade remota.

Hoje sabemos que Sally Clark foi injustamente condenada por conta de um erro de inversão – além de muita incompetência por parte de todo o aparato judiciário envolvido. Para entender o que aconteceu, devemos começar pela má formulação do problema, afinal: o que buscamos aqui não é a probabilidade de que duas crianças possam morrer da mesma síndrome, mas a probabilidade de que, uma vez que duas crianças que tenham morrido tenham padecido da mesma causa ou síndrome [SMSI].

Quando Sally contava dois anos na cadeia, a *Royal Statistical Society* entrou em ação, dirigindo um comunicado à imprensa, no qual denunciavam o que:

> *"[a decisão do júri se baseou no que classificaram de] um grave erro de lógica conhecido como a falácia da acusação. O júri precisa considerar duas explicações concorrentes para as mortes dos bebês: SMSI ou assassinato. Duas mortes por SMSI ou duas mortes por assassinato são ambas bastante improváveis, mas, neste caso, uma delas aparentemente aconteceu. O que importa é a probabilidade relativa das mortes [...] não só o quanto é improvável [...] a explicação da morte por SMSI]." (Royal Statistical Society: 'Royal Statistical Society concerned by issues raised in Sally Clark case'; 2001)*

Um matemático 'especialista' foi convidado a estimar a probabilidade relativa de que a mesma família perdesse dois bebês por SMSI ou por assassinato – cometido pela própria mãe; concluindo que as chances de morte por SMSI eram pelo menos 9 vezes maiores do que por assassinato. Os Clark recorreram da sentença e contrataram os seus próprios estatísticos para suportar a apelação, mas inacreditavelmente a sentença foi mantida. Eles seguiram lutando e buscando explicações médicas e evidências para as mortes, e em meio a muito sofrimento, enquanto Sally continuava encarcerada pelo assassinato de seus dois bebês. Pensem nesta situação!

Finalmente, eles encontraram o que procuravam; afinal, o patologista que trabalhava para a acusação havia omitido a valiosa informação de que o segundo bebê tinha uma infecção que poderia haver causado a sua morte. Trata-se de uma omissão criminosa. Com base nesta dramática descoberta, um juiz revogou a sentença, e após quase três anos e meio encarcerada e estigmatizada, Sally Clark foi libertada de seu calvário (2003). Mas Sally nunca se recuperou da experiência, desenvolvendo uma série de problemas psiquiátricos graves, incluindo dependência de álcool que a vitimaria apenas quatro anos após deixar a prisão (2007).

A reputação de Sir Meadow foi destruída, e o Conselho Médico Geral Britânico (GMC) cassou o seu registro médico. Meadow apelou para a Suprema Corte, que em Fevereiro de 2006 decidiu a seu favor. O GMC recorreu ao Tribunal de Recursos, mas em outubro de 2006, por decisão da maioria, o tribunal confirmou a decisão de inocência, e Meadow voltou à vida médica.

No famoso e milionário caso de O.J. Simpson – acusado de assassinar sua ex-mulher - Nicole Brown Simpson - e o namorado -, o renomado advogado e professor de Direito de Harvard, Alan Dershowitz, articulou com sucesso uma versão defensiva de 'falácia da acusação', para livrar o seu cliente do merecido destino: a cadeia.

O aposentado astro do futebol americano, e péssimo ator, deixou uma enormidade de provas suficientes para a sua condenação; o sonho de toda acusação: manchas de sangue das vítimas foram encontradas em suas luvas, em seu Ford Bronco branco, e um par de meias no seu quarto, dentro de sua casa e na entrada da garagem. Só faltava um vídeo em alta definição registrando toda a ação.

O que restava à defesa? Acusar o Departamento de Polícia de Los Angeles de racismo, criticando a integridade das provas apresentadas. A acusação então cometeu um enorme erro; uma tremenda oportunidade para a fria manipulação de Dershowitz. Os advogados de acusação concentraram sua estratégia na correlação entre o tratamento violento de Simpson com a esposa, e justificativa para que pudesse mata-la; textualmente: *"um tapa é um prelúdio de um homicídio"*. Esta foi a deixa.

Dershowitz passou a calcular a probabilidade de que mulheres que tenham sido espancadas pelos maridos sejam assassinadas por eles - e o júri caiu no truque. Ele alegou - baseado nas estatísticas do FBI - que 4 milhões de mulheres são espancadas anualmente por maridos e namorados nos Estados Unidos, mas somente 1.432 dessas mulheres, ou 1/2.500, foram assassinadas por seus cônjuges. "Logo" – e a defesa monta o circo e fecha o cerco -, poucos homens que "dão tapas ou espancam suas parceiras" acabam por matá-las.

Nas palavras de Mlodinow:

> *"Verdade? Sim. Convincente? Sim. Relevante? Não."*

A questão, mais uma vez, não é a probabilidade de que um homem que bata na mulher acabe por matá-la, mas a probabilidade de que uma mulher que tenha sido seguidamente espancada pelo marido, e que foi assassinada, tenha sido assassinada pelo próprio espancador – no caso o marido. Recorrendo às mesmas estatísticas publicadas pelo FBI, mas em outra página, encontraríamos o seguinte dado: dentre todas as mulheres que apanhavam dos maridos e foram assassinadas, nos Estados Unidos, cerca de 90% foram mortas pelo espancador; esta seria a correta instrução, quando consideramos um juízo interessado na verdade, além de profissionais bem preparados e competentes.

A sentença de INOCENTE premiou o golpe de Dershowitz; ele declararia em seu livro 'The Best Defense' (1983) que:

> *"O juramento feito no fórum – 'dizer a verdade, toda a verdade e nada mais que a verdade' - só se aplica às testemunhas. Advogados de defesa, de acusação e juízes não assumem esse compromisso [...] De fato, podemos dizer que uma das fundações sobre as quais se apoia o sistema de justiça americano é não dizer toda a verdade."*

Sei que está preocupado, confuso e, provavelmente, atônito; afinal, *'tudo o que você pensa que sabe pode estar errado - e as chances de que estejam mesmo são enormes'*. O imperador Napoleão Bonaparte estava na mesma situação quando recebeu o matemático, astrônomo e físico francês Pierre Simon Laplace (1749-1827) para uma honraria, e por ocasião da publicação dos pesados cinco tomos de sua magnífica obra *'Mécanique Céleste'* – onde compila e organiza a Astronomia Matemática, resumindo e ampliando o trabalho de seus predecessores. Esta obra-prima traduziu o estudo geométrico da mecânica clássica utilizada por Newton para um estudo baseado no Cálculo Diferencial e Integral, lançando as bases para a dita Mecânica Física.

Napoleão estava entusiasmado com a obra, mas incomodado com a ausência de qualquer menção a deus – a nenhum deus. Bonaparte era famoso por constranger à quem quer que fosse com questões desconcertantes – e assim foi. Após uma ligeira saudação, disparou:

"M. Laplace, você escreveu este grande livro sobre o Sistema do Universo, sem jamais, ou sequer, mencionar o seu Criador."

Laplace, embora obsequioso em suas relações políticas, era inflexível como um mártir sobre cada aspecto de sua filosofia - e não levava desaforos para casa. Reza a 'lenda' que ele se levantou e respondeu rispidamente:

"Je n'avais pas besoin de cette hypothèse-là [Eu não precisei desta Hipótese]."

Napoleão parece ter apreciado a resposta, e contou o diálogo ao matemático italiano Joseph-Louis Lagrange (1736-1813) – famoso por seu Teorema do Valor Médio -, que teria exclamado:

"Ah! c'est une belle hypothèse; ça explique beaucoup de choses [Ah! essa é uma bela suposição [deus]; ela explica muitas coisas]."

Laplace deflagrou – diplomaticamente - o seu *échec et mat*:

"Cette hypothèse, Sire, explique en effet tout, mais ne permet de prédire rien. En tant que savant, je me dois de vous fournir des travaux permettant des prédictions [Esta hipótese [deus], Majestade, realmente explica tudo, mas não permite predizer nada. Como um estudioso, eu devo fornecer a você trabalhos que permitam predições.] (Esta passagem é citada nas obras do matemático inglês Ian Stewart e do biólogo e divulgador científico, também inglês, Jack Cohen)

O conhecimento do Marquês de Laplace permeou todos os ramos da Física Matemática; a Equação que leva o seu nome é utilizada no modelamento matemático de vários fenômenos na Astronomia, no Eletromagnetismo e, também, na Mecânica dos Fluidos. A Transformada de Laplace é uma ferramenta vital na simplificação de sistemas dinâmicos lineares, permitindo a solução de equações diferenciais como se fossem equações polinomiais. O operador diferencial de Laplace é outra inestimável contribuição, utilizado em diversas equações de derivadas parciais que também modelam fenômenos físicos.

Sim, já não necessitamos de deuses e motivos sobrenaturais. Talvez nunca tenhamos realmente precisado de nenhum subterfúgio divino para a origem de todas as coisas; e antes que o argumento da contextualização seja invocado, antecipo a assertiva do escritor e pensador Umberto Eco:

"Se a rendição à ignorância e chamá-la de Deus sempre foi prematuro, continua prematuro até hoje."

Será que, respeitando os respectivos contextos, a ideia de Thor derrotando os Gigantes de Gelo ou da criação segundo o Gênesis seriam aceitáveis? Talvez; homens assustados tateando na escuridão de sua ignorância talvez mereçam certa condescendência - e certamente merecem a nossa compreensão. Mas se hoje o culto a Thor faz parte de nosso museu mitológico, de nosso cemitério de divindades, por que ainda não aposentamos as demais divindades? Seria esta uma questão de contexto, ignorância ou conservação do poder?

Então qual a saída? A saída, o caminho, nos foi indicado por Hume e Russell, e trilhado por tantos outros: precisamos desafiar a nossa lucidez, precisamos desafiar as aparências do 'saber que' em favor do 'saber como'. O escrutínio dos fenômenos pelo confronto corajoso com a realidade, revela, desvela e endereça a verdade. Este é o papel da Ciência, tornar-nos cientes da realidade pela prova; o que inclui o teste de nossa tênue lucidez.

O inesquecível e inestimável astrônomo americano Carl Sagan, foi um critico mordaz do 'ôba-ôba' antrópico, que chamou de "antropogênico":

> "[...] seres baseados em água líquida e carbono afirmando que a água líquida e o carbono são essenciais à vida."

Mas podemos escarnecer um pouco mais, e sem perder a ternura e, sobretudo o humor; afinal, as mesmas condições que permitem que seres humanos existam também permitem a existência de pedras, o que serviria de mote para a criação do "princípio lítico". Sendo este um princípio bem mais pertinente, se considerarmos que as rochas excedem a vida com impressionante vantagem numeral. A possibilidade de que átomos no universo conjurem rochas é indiscutivelmente superior à chance de que coincidam com seres vivos. Evidentemente rochas não podem perscrutar o universo, suas leis e história, assim como formigas, leões, e plantas, não o fazem. mas também estão impedidos de advogar em nome besteiras 'homéricas' presunçosas e narcisistas, sobre um criador de homens.

Neil deGrasse Tyson também reafirma, com brilhantismo, que o princípio antrópico parte da premissa errada de que o universo seja "amigável" à vida. Em seu vídeo "Um universo que não foi feito para nós" Tyson refuta tal premissa ignóbil e infantil, demonstrando por meio de fatos que a maior parte do universo é totalmente hostil e incompatível com a vida: frio demais, radiação demais, calor demais, vácuo demais, estrelas explodindo, jatos de matéria destruindo galáxias, explosões de raio gama esterilizando regiões inteiras de galáxias, colisões de asteroides e cometas, etc. E a ainda nos perguntamos: por que não detectamos vida em outras partes do universo? Basicamente por que o universo não implica naturalmente em vida. E este conceito será revisitado mais adiante.

Este é o panorama do Universo em que vivemos. Pode parecer estranho e bizarro viver em um Universo como o nosso, e de fato é. E em parte porque só vivenciamos uma parcela desprezível do tempo, em escala Universal. A densidade de matéria decresce exponencialmente, enquanto o nosso Universo se expande. Mas acontece que a densidade de Energia no espaço vazio deveria ser constante, enquanto este mesmo Universo se expande.

Portanto, vivemos em um momento especial na História do Universo, onde a densidade de energia no espaço vazio é três vezes a densidade de energia da matéria. E este quadro tem deixado os Físicos intrigados, por tratar-se de um momento realmente especial. Em tempos anteriores a densidade da matéria era muito maior, e no futuro a densidade do espaço vazio será muito maior. Neste ponto da História do Universo os números não são tão desequilibrados. Então por que existimos apenas em um momento tão especial da História do Universo?

Vamos supor que a energia do espaço vazio, constante, fosse 50 vezes maior do que é. Então este momento de equivalência aconteceria concomitantemente com a formação das galáxias. Mas se a energia do espaço vazio fosse maior do que a densidade de matéria quando as galáxias estavam se formando, então a força de repulsão seria maior do que a de coerção, e as galáxias simplesmente não se formariam. Lawrence Krauss chama a este princípio de 'Mania Antrópica':

> "Se existem muitos Universos diferentes, e a energia no espaço vazio pode variar em cada um deles, então apenas naqueles em que cuja energia não for muito maior do que medimos em nosso universo, poderão formar galáxias."

E só então serão capazes de produzir estrelas, planetas e **astrônomos**. Assim como filósofos e teólogos.

> "Então o Universo é do jeito que é, porque os astrônomos estão aqui para medi-lo." – Lawrence Krauss

Na verdade Krauss está ironizando; afinal, estamos aqui porque existe um momento especial para a vida, e não porque tudo 'conspirou' para que estivéssemos aqui. Ou seja, existe uma 'mania' de colocar o homem no centro de tudo, e como razão e princípio para tudo. Um tremendo *androcentrismo* doentio. E muitos ainda dirão que isso é obra de um *projetista inteligente*, um criador, um deus. Este é um prato feito para os *apologetas* do *Design Inteligente*: 'o universo foi finamente sintonizado para nós, vejam, tenham fé'.

Mas isso não passa de um tremendo absurdo; pela mesma razão que as abelhas podem reconhecer as cores das flores, pois não seriam abelhas se não o fizessem, e não se alimentariam. E sem comer, pela Seleção Natural, as abelhas nem estariam aqui. Mas 'deus' também seria invocado para ajustar as coisas para as abelhas. E Krauss acerta em cheio e arremata, dizendo que:

"Não é tão surpreendente nos encontrarmos vivos em um Universo que permite vida."

Porque em universo que não permita vida, ou em um tempo dentro da História do Universo que não permita a vida, não estaríamos vivos. E este é o caso aqui. De certa forma, e podemos acompanhar Krauss no revolucionário raciocínio, trata-se de um fenômeno de *'Seleção Natural Cósmica'*. A Ciência nos contou nos últimos 400 anos como o Universo é, e porque deve ser do jeito que é para permitir a vida e a existência de observadores vivos, que por sua vez possam estudar o Universo, e servir de 'memória para este universo'.

Einstein, certa feita, formulou a seguinte questão irônica:

"O que realmente me interessa é se 'deus' [sic] teve alguma escolha na criação do Universo."

O que Einstein, com soberba e refinada ironia, quis dizer foi que as Leis da Física estão tão encaixadas, que se você alterar um parâmetro qualquer toda a casa cai. E se mudamos um parâmetro qualquer não estaríamos aqui para reconhecer o Universo. O que Einstein quis realmente dizer, é que deus é irrelevante, ou insignificante. Ou, então, poderíamos dispor de infinitas combinações de leis e estas simplesmente se encaixaram.

Estamos aqui por acidente, pela convergência e contingência de fatores cósmicos. E as Leis da Física, em nossa bela linguagem Matemática, apenas descrevem tais convergências e contingências, assim como todo o feliz e colossal *'acidente'*.

Sobre a Teoria das Cordas, Krauss ironiza:

"Uma pessoa diz à outra: 'Suponha que toda matéria e energia é feita de minúsculas cordas vibratórias'. E então a outra pessoa responde: 'Ok, e o que isso implica?' E o propositor responde: 'Eu não sei.'"

E este é o resumo da História da Teoria das Cordas nos últimos 25 anos. O problema é que as pessoas ficam fascinadas com coisas novas, e com histórias novas e fantásticas; neste caso em particular o que temos é uma teoria que pode predizer tudo sem predizer nada, sendo que qualquer coisa seria possível; e se este é o caso, então fatalmente não estamos diante de uma teoria científica.

E na condição de *'poeira' cósmica, ou um infinitésimo disso, apesar do orgulho científico, devemos assumir a humildade científica em aceitar que não sabemos de tudo - e isso é óbvio.* Bill Maher explorou a questão comentando que *"enquanto 'espertalhões' como Rick Warren declaram saber de tudo sem saber de [absolutamente] nada"* - um impostor, um pústula, uma anátema da Ciência, a escória da humanidade -, cientistas sérios, consequentes, esquadrinham o Universo, encontram as respostas, mas precisam manter a humildade em reconhecer que *'existe muito mais a saber sobre o Universo do que já sabemos'*. E existe uma enorme injustiça aqui.

A diferença entre a precisão da observação científica, e do rigor dedutivo e lógico de suas hipóteses e métodos, é incomparável com qualquer pratica cotidiana e doméstica; o que dizer de práticas religiosas e fenômenos sobrenaturais? O *corpus científico está muito mais próximo do conhecimento último – se ele pudesse ser alcançado – do que a população global está do marco ZERO deste corpus científico.* A distância que separa o conhecimento popular do conhecimento de fato é abissal.

Dito de outra forma: se estamos em uma jornada do conhecimento, podemos na verdade considerar que já percorremos quase todo o caminho; mas esta será a última milha, a mais complicada. Isso, enquanto o conhecimento popular vaga em algum lugar entre a Idade do Bronze e o final do século XIX; o que me permite de dizer, em escala de conhecimento acadêmico, que a humanidade, em média, ronda o marco 'zero' em conhecimento, situando-se nas imediações da linha de largada. E não estou exagerando.

Parafraseando poeta, novelista, um dos principais representantes do realismo checo, e membro da chamada 'Escola de Maio', Jan Neruda (1834-1891):

"Quem nada sabe, em tudo crê."

Examinemos um *clássico* no gênero *'ignorância cósmica'*: o pastor evangélico Rick Warren é fundador da *Saddleback Church* na Califórnia, e autor do *bestseller 'Uma Vida com Propósitos'*, que pré-vendeu aproximadamente *500 mil cópias; e* considera a si mesmo como o *"líder espiritual mais influente da América"*. Pois bem: sem saber absolutamente NADA sobre como 'este mundo REALMENTE funciona', este pilantra, que é amigo pessoal de *"deus"*, descreve em *"detalhes"* como as coisas funcionarão no *"paraíso"*. E deleito-me com as palavras do escritor, poeta e diplomata francês, Paul Morand (1888-1976):

"Se deus não conseguiu se sair bem com este mundo, por que se sairia melhor com outro?" – Paul Morand

Com base na aguda sabedoria de Paul Morand não temos motivos para nos alegrar. Se deus está promovendo *recall* de sua criação - por meio do "Juízo Final" -, depois de todo o trabalho com o Bing Bang, e o ajuste de todos os parâmetros, constantes e leis, então não devemos nos animar demais com o "Paraíso", ou com as suas próximas tentativas.

O *'gap'* entre o conhecimento disponível no acervo científico humano e a nossa práxis diária é gigantesco.

Com a desculpa de que 'não sabemos tudo' permanecemos 'sem saber nada' sobre quase tudo.

Apenas tangenciamos a realidade, mas não somos capazes de mergulhar nas maravilhas desta REALIDADE. Este livro tem como missão interessá-lo e apaixoná-lo pela realidade, despertando a curiosidade por conhecê-la por dentro.

O físico e notável autor brasileiro, #Marcelo Gleiser, disse que *"o conhecimento é como uma ilha, em meio ao desconhecido; e quanto mais esta ilha cresce, maior serão as suas fronteiras"*. É verdade. Mas quanto mais a ilha – do nosso conhecimento, e do que é conhecido - cresce, por mais que existam novas fronteiras, menor será o espaço daquilo que não conhecemos. No passado, este espaço tomado pelo desconhecido representou a diferença entre morrer na selva de dor de dente aos 23 anos, ou ministrar uma dose de 500mg de Cloridato de Tetraciclina e voltar a sorrir por mais 40, 50, 60 anos. O importante não é chegar ao fim, mas seguir em frente, viver a viagem, viver uma vida digna, útil, e prazenteira, contribuindo como Humanidade, para que endereçemos a verdade.

Ainda, sobre endereçar a verdade, e sobre a importância de nos tornarmos cientes pela prova, convido alguns homens notáveis, para encerrar este capítulo:

"Quando as pessoas pensavam que a Terra era plana, estavam erradas. Quando as pessoas pensavam que a Terra era – 'exatamente' [grifo meu] - esférica, estavam erradas. Mas, se você considera que 'pensar que a Terra é esférica é tão errado quanto pensar que a Terra é plana', então a sua visão está mais errada do que as duas juntas." - Isaac Asimov ('A Relatividade do Erro'; 1989)

"Eu prefiro muito mais a crítica afiada de um único homem inteligente à aprovação impensada das massas." - Johannes Kepler (1571-1630)

"Uma marca infalível do amor à verdade, é não considerar nenhum proposição com uma convicção maior do que a autorizada pelas provas em que se fundamenta." - John Locke (1690)

O vigoroso e genial físico Richard Feynman (1918-1988) - ganhador do Nobel em 1965, sendo um dos pioneiros na Eletrodinâmica Quântica, nos dá uma boa pista sobre a Atitude Científica:

"Um princípio de pensamento científico corresponde a uma espécie de honestidade incondicional."

É esta honestidade incondicional ou ética que reside no ceticismo científico, e que confronta a vacuidade de crer. Muito embora exista uma biologia ou neurofisiologia pré-disposta para a crença, e um bom lote de desvios intelectivos e perceptivos à espreita. O antídoto, se existe, passa necessariamente pelo 'conhecimento' – até para rir de si mesmo, ou procurar um bom médico.

Não podemos comparar a nobre atitude de tornar-se ciente pela prova, fustigando e endereçando a verdade, com as ladainhas que objetivam reconfirmar velhas ou novas crenças. Não se pode usar como desculpa a falibilidade assumida da Ciência para validar qualquer tipo de crença. Uma teoria científica incorpora os seus limites de validade e erro, assim como um universo de aplicação demarcado, e de forma honesta e assumida; e será sempre e continuamente revisada. SENDO ESTA A SUA MAIOR FORTALEZA, E NÃO O CONTRÁRIO.

NÃO ESTAMOS DESESPERDOS PARA CRER E ASSIM PODEMOS ESPERAR PARA SABER.

Vivemos em um período especial; e não fosse esse um período especial não existiríamos para considerar a nossa própria existência extrapolada à existência do universo. Então dignifiquemos a exígua possibilidade da vida com luz, muita luz. FIAT LUX!

4. Um Universo que não foi 'Feito' para Nós

Consideremos o quanto o Universo é inóspito e bizarro: - A maioria das órbitas dos planetas são instáveis; - a formação das estrelas é um processo bastante ineficiente; - a quase totalidade do Universo é imprópria para a vida, e para a vida humana – seja pelo calor, frio, radiação, etc.; - as órbita de nossa galáxia, que dura cerca de 2 milhões de anos, nos aproxima de supernovas, que fatalmente destruirão a camada de ozônio, destruindo imediatamente qualquer chance de vida; - e estamos em rota de colisão com a galáxia de Andrômeda, que fatalmente bagunçará a nossa bela espiral '*láctea*', provocando cataclismos inimagináveis; - o Universo se expande de forma acelerada, de forma que nada será como antes, e de forma que o absoluto vazio nos espera, entre outras medidas 'realmente' apocalípticas, enquanto nos aproximamos do zero absoluto em termos de temperatura; - a Terra está repleta de perigos catastróficos como vulcões, terremotos, tsunamis, tornados, tufões, tempestades de areia, desertos quentes, desertos frios, enchentes, tempestades, raios, etc., etc., etc. matando anualmente centenas de milhares de pessoas; - 2/3 da superfície terrestre é completamente inóspita para a vida humana, ou seja, não podemos habitar 2/3 de nosso planeta; - 99,9% de todos os tipos e forma de vida que já existiram na Terra, foram extintas, ou seja, fazemos parte de 0,1% da vida remanescente, mas antes que alguém reclame a nossa divindade, devo adverti-los de que estamos aqui a bem pouco tempo, de forma que devemos esperar antes de '*cantar salmos de glória ao pai*'; e, com maior frequência antes do que hoje, os incontáveis sistemas solares, estelares, são alvos fáceis para o ataque de incontáveis asteroides e cometas; e já amargamos, e amargaremos no futuro, extinções em massa – como as fábulas do dilúvio e do apocalipse.

A vida unicelular se desenvolveu rapidamente, diante das condições contingentes, mas considerem os 3,5 bilhões de anos que levamos para chegar à vida multicelular e a dependência do lento processo evolutivo da cianobactérias, para que fosse possível quebrar o oxigênio produzindo um saldo positivo, gerando chances para a vida aeróbica, e finalmente para os seres humanos – que aqui estão há pouco mais de 100.000 anos; sendo este um árduo, burro, dispendioso e ineficiente plano, se o objetivo era realmente "*o homem*" - "*a imagem e semelhança de seu criador*". E aí topamos com as doenças infantis, a leucemia, hemofilia, a anemia, diversas síndromes, problemas de má formação, gêmeos siameses, câncer, etc. que levam a óbito centenas de milhares de bebês todos os anos - e isso porque temos insistido em contrariar os '*misteriosos*' planos divinos, inventando a Ciência para salvar vidas, diminuindo a mortalidade infantil em 40 vezes - desde o homem de Cro-magnon (50.000 AEC). Mas o salto mais significativo seria dado apenas nos últimos 300 anos, e com o acender das luzes científicas. Mesmo assim centenas de milhares de fetos são '*abortados por deus*' todos os anos, fetos que nascem sem cérebro, ou com o coração batendo fora do corpo, sem intestinos, sem pernas e braços, sem chances - sendo a vontade de deus, sem comparação, a maior causa de abortos sobre a Terra.

E os problemas que afligem o homem, a humanidade? A lepra que assombra os "*imundos*" - segundo a bíblia -, a esclerose múltipla, a depressão, a epilepsia, a esquizofrenia, Parkinson, diabetes, Alzheimer, doenças cardiovasculares, viroses, edemas, derrames, aneurismas, etc., etc., etc.; aumentamos a expectativa de vida humana em duas vezes, deixando para trás uma média de 30 a 40 anos, e que dormia funesta desde o homem de Cro-Magnon até o fim da Idade Média, para alcançar uma sobrevida entre 70-80 anos - também com o advento científico. Em 150 anos quintuplicamos a população da Terra.

E que tal se analisarmos a ineficiência do olho humano, quando estamos cegos para a maior parte do espectro eletromagnético; não sendo capazes de 'ver' ou detectar – como outros animais o fazem - campos eletromagnéticos, ionizações, radiações diversas, ondas de rádio, etc. Precisamos comer incessantemente para manter o nosso sangue quente, enquanto um crocodilo está satisfeito com uma galinha ao mês; comemos, bebemos e respiramos pelo mesmo orifício, o que garante que alguns de nós morrerão, todos os anos, '*afogados*', e não seria pedir muito, afinal alguns animais como os golfinhos, e que também são mamíferos, comem e respiram por diferentes orifícios; - e praticamos sexo e urinamos com o mesmo órgão. Parafraseando deGrasse, devemos admitir que *nenhum engenheiro projetaria 'isso', jamais, nunca. um sistema de entretenimento associado à um sistema de esgoto* - sendo esta uma clara justaposição conflitiva de elementos. Ombros e joelhos são celebrados como maravilhas da 'criação', quando de fato são mal projetados e problemáticos - quem sofreu com problemas com a bursite e meniscos, sabe disso.

Muitos dos gases presentes em nosso *habitat* são venenosos para o homem, como o CO, o CO2, o CH4, o que nos torna vulneráveis à extinção em massa 'química'. A alegação de que o Universo é uma maravilha criada por deuses para o desfrute do homem é absolutamente falsa e ridiculamente absurda. O universo são se parece em nada com um *"Jardim do Éden"*. O cenário descrito acima não caracteriza nenhum tipo de *'ação benevolente'*, seja ela criadora ou mantenedora de nosso *'mundo'*. Estamos à mercê de severos infortúnios naturais.

Tudo isso nos leva à inescapável constatação de que estamos diante de um *STUPID DESIGN*, um *design* ou projeto bem estúpido, burro; e, sem dúvida, cínico e cruel. Não existe nada a ser celebrado, embora possamos evidentemente encontrar traços de *'inteligência'*, mas que são soterrados por uma enxurrada de péssimas ideias, se consideramos um verdadeiro *'projetista'*. Mais uma vez parafraseando deGrasse, levantamos uma pedra e lá está um escorpião com um veneno mortal, e penso: isso não está aqui por causa do homem.

"Em outras palavras, então, se uma máquina deve ser infalível, ela não pode ser também inteligente." – Alan Turing

Por que existe alguma coisa misteriosa que governa tudo, ao invés de nada? Esta é uma excelente pergunta, e que não pode ser descartada. *'Mas'* notemos que tal questão é colocada *'sob'* a perspectiva de um grupo, um grupo pertencente à única *'espécie animal'* capaz de tais especulações. Essa pergunta é colocada por aqueles que veem motivos para *'crer'* em algum tipo de governança misteriosa e corporativa, criada a partir da suspensão da razão. Por que deveríamos considerar que algo imaterial interage com o material, está em toda parte, mas não está em parte alguma? E que tudo vê e tudo sabe, e tudo pode, mas ainda assim, coisas erradas acontecem? Mas, curiosamente, somente as coisas que não funcionam escapam da jurisdição desta governança onipotente, onipresente e onisciente entidade. Como isso seria possível sem uma espetacular dose de boa vontade, e que convencionamos chamar de crença ou *'fé'*? A fé é a crença pela suspensão da razão.

Olhamos ao redor e por todo o Universo, e na esmagadora maioria dos lugares nada está acontecendo - ou está acontecendo à revelia de qualquer intervenção moral. Olhamos ao redor e vemos espaço vazio – que de fato não está vazio -, inerte; olhamos ao redor e contamos bilhões e bilhões de estrelas, planetas, e astros, que não desempenham nenhum papel moral - a não ser orbitar estrelas, e estas orbitarem galáxias, que por sua vez vagam pelo vazio. Não existindo claramente um plano moral para justificar tão enormidade e vacuidade de princípios e conceitos morais.

Como, então, em um planeta qualquer, em torno de uma estrela qualquer, em uma galáxia qualquer, e em meio à completa efemeridade, as contingências para a vida foram atendidas em uma pequena janela de tempo na existência consagrada de tal Universo? E da perspectiva deste mero acaso, elevamos as mãos aos céus clamando por um deus imaginário, a quem insistimos em submeter nossa lucidez repetindo: *"amém"*.

Tais exclamações vão escasseando à medida que aprendemos mais e mais sobre como este Universo 'realmente' funciona, e como abriga a vida em nosso planeta e em outros pontos igualmente contingentes. E assim vamos descortinando os processos neurais, e patológicos, assim como as decorrências culturais, para o sincretismo e convergência de tais divindades, *'todas elas'*, ao longo da saga humana. A natureza da suposição de que existem mistérios pode então ser desmistificada, pela compreensão da ignorância, dos processos ilusórios, delirantes e alucinatórios, aos quais nosso cérebro está definitivamente exposto.

Edward Hubble foi o primeiro a perceber que o Universo não estava desacelerando, como seria de esperar pela aplicação das leis da gravitação newtoniana. Mas ao contrário, pela observação, Hubble notou que o Universo estava em plena expansão, e acelerando – o que tem sido confirmado até hoje. E hoje podemos prever um futuro repleto de vazio, pelo afastamento de todas as galáxias, embora, acidentalmente, Andrômeda veja em nossa direção. Este é o futuro real, e bem distante da mensagem imediatista – e não cumprida – do Apocalipse. O personagem mítico 'Jesus', prescreve, como em muitas passagens, o final dos tempos, e curtíssimo prazo – e já vencidos há algumas gerações:

> *"Pois onde estiver o cadáver, aí se ajuntarão as águias. E, logo depois da aflição daqueles dias, o sol escurecerá, e a lua não dará a sua luz, e as estrelas cairão do céu, e as potências dos céus serão abaladas. Então aparecerá no céu o sinal do Filho do homem; e todas as tribos da terra se lamentarão, e verão o Filho do homem, vindo sobre as nuvens do céu, com poder e grande glória. E ele enviará os seus anjos com rijo clamor de trombeta, os quais ajuntarão os seus escolhidos desde os quatro ventos, de uma à outra extremidade dos céus. [...] Em verdade vos digo que não passará esta geração sem que todas estas coisas aconteçam."* - Mateus [24:28-34]

Na verdade muitas gerações passaram sem que nada fosse notado nos céus, ou em parte alguma, sobre a promessa do cataclismo bíblico. Mas o verdadeiro final dos tempos está a bilhões de anos de distância de nossa experiência, e das gerações que se seguem às gerações de gerações de gerações. Mas a ignorância há de persistir. sempre!

A crença em deuses projetistas e governantes requer uma elevada dose de ignorância em extensão e intensidade; o que inclui o desconhecimento sobre a história de tais lendas e os motivos pelos quais nosso cérebro as invoca. É preciso também denunciar a evocação da falácia do *Círculo em Demonstrando* onde, diante da mais completa ausência de evidências, um livro sagrado basta a si mesmo para tornar um mito existente: deus. E o mesmo mito basta a si mesmo, e é condição suficiente e necessária, para tornar a mensagem do tal livro *'sagrada'*. Não existem evidências do *'sagrado'* contido em tais mensagens, nem para os livros nem para os mitos, senão pela hipnose coletiva e o forte sentido de grupo, *autossugestionado* por seus líderes - onde a figura do 'rebanho' não poderia ser mais adequada.

No terceiro milênio, crendices da Idade do Ferro assumem novas conformações sincréticas e culturais, enquanto são afastadas dos eventos e dos marcos ditos sagrados; e o *'personal jesus'* ou *'personal god'*, entra em cena. A procissão da insanidade divinal está completa. Existe ainda um desejo forte de não ser despertado deste sonho – ou pesadelo -, e de não tornar-se ciente da verdade por meio das evidências. A verdade, a realidade, parecem ameaçadoras e investidas de muita responsabilidade. Crer é uma fuga. Sendo o ato de fé, caracterizado pela formulação e repetição das respostas antes mesmo de formuladas as perguntas.

Hitchens indaga:

"Isso é parte de um plano? E se é, de quem é este plano?"

Um monte de *'nada'* foi criado, como no caso de Andrômeda, e está apontado diretamente pra nós. E com que objetivo? Um plano *'B'*? Então deus desistiu de acabar com a vida na Terra - pela segunda vez? Vide Noé. quando este deus decide terminar com as gerações que precederam o advento da visita de seu filho imolado – que era ele mesmo travestido - através de um *recall*. Muitas gerações mais hodiernas já enterraram tal profecia assassina. Então encaremos Andrômeda. Este é o destino.

Então, se quiser responder à primeira questão de Hitchens sobre a existência ou intencionalidade do plano, você deve estar preparado para enfrentar o corolário acima declarado; ou seja, este plano é SANO? E se não é então temo pela resposta à segunda questão. Mas a crença tem um artifício involuntário para sair deste paradoxo: *"deus escreve certo por linhas tortas"*. Ou seja, quando mata bebês ao nascer ele tem um plano especial e insondável para meros mortais. O que me remete à outra questão: se os seus desígnios são "insondáveis" e incompreensíveis ao homem, como esperar que o compreendamos? E explico melhor: como esperar que aceitemos que um filho rebelde deva ser apedrejado até a morte, que leprosos sejam execrados como imundos, ou que homossexuais mereçam morrer, se ele bem pode estar dizendo o contrário? Mas na realidade, o truque é bem mais simples e claro. Se deu certo 'foi deus', mas se deu errado 'fodeu' [sic]. Ou seja, foram *os homens'*, *'foi o livre-arbítrio'*.

Agostinho, o sumo mago-teológico, nos dizia que estamos livres apenas para pecar, sendo todos os pontos positivos marcados em favor de deus e todos os pontos negativos marcados em favor dos homens malévolos. Calvino protestou, dizendo que na realidade *"tudo"* já estava traçado e definido - as coisas boas e más -, bastando apenas aos escolhidos reconhecer que foram escolhidos; e aos não escolhidos, bem, o fogo do inferno os aguarda. Este é o truque de jogar tênis sem rede, e é o crente ou o pastor do rebanho quem interpreta *'jogo da vida'* e marca os pontos. Desta forma, deus estará em uma posição sempre vitoriosa, mesmo quando sua bola parece arrebentar-se contra a rede; como no episódio onde 'despedaça 42 crianças' por chamarem um homem de careca, ou quando exige que a submissão a ele seja provada por meio da chacina de irmãos e dos melhores amigos. Laconicamente o versículo termina dizendo que '3.000 morreram:

> *"Pôs-se em pé Moisés na porta do arraial e disse: Quem é do Senhor, venha a mim. Então se ajuntaram a ele todos os filhos de Levi. E disse-lhes: Assim diz o Senhor Deus de Israel: Cada um ponha a sua espada sobre a sua coxa; e passai e tornai pelo arraial de porta em porta, e mate cada um a seu irmão, e cada um a seu amigo, e cada um a seu vizinho. E os filhos de Levi fizeram conforme à palavra de Moisés; e caíram do povo aquele dia uns três mil homens. Porquanto Moisés tinha dito: Consagrai hoje as vossas mãos ao Senhor; porquanto cada um será contra o seu filho e contra o seu irmão; e isto, para que ele vos conceda hoje uma bênção." -* Êxodo [32:26-29]

Então se acreditamos que a fusão nuclear do Hidrogênio no interior das estrelas - esses gigantes de gravidade e luz -, assim como os limites quânticos estabelecidos pela constante de Planck, as imensas velocidades como a luz - 300.000 km/s -, ou como Sol viajando a cerca de um milhão de quilômetros em órbita na periferia da Via Láctea, enquanto nos arrasta rodopiando em sua órbita a 108.000 k/h, enquanto rodopiamos como um peão em torno de nosso próprio eixo a cerca de 1.700 km/h. é parte do mesmo plano onde nos pedem para não cortar as costeletas, ou não andar de elevador nos sábados, nem *'fechar'* uma geladeira, ou dar *'dois nós'*, porque o deus que criou todo este Universo - o que incluiu colossais 10^{22} estrelas – *"descansou no sétimo dia"* - ou seja, no *sabadão*. Que tudo isso foi feito tendo apenas tendo o homem em mente, muito embora todo este universo seja, em sua esmagadora maioria, mortal e inútil para nós, humanos; então precisamos realmente de muita imaginação ou demência. Isso me parece mais grave do que uma tremenda forçada de barra, ou um gigantesco ato de egocentrismo. isso tem alguma coisa de patológico.

Não existem cientistas cristãos, mas existem cristãos que praticam Ciência; como Francis Collins, um operário competente do projeto Genoma. Até mesmo um cientista que teve um *'surto'* e uma revelação cristã quando dirigia em uma noite escura, concorda que estamos aqui como *Homo sapiens* há *'pelo menos 100.000 anos'*; mas o no número é controverso, entre 100.000 e 250.000. O que não é nada em face dos 4,3 bilhões de anos de Evolução. Mas a questão de precisar a origem do homem reside em precisar *quando* exatamente podemos ser considerados *'homens'*.

Mas o que é certo é que durante 95% do tempo em que existimos como homens, amargamos uma expectativa de vida média situada entre 25 e 30 anos, subindo um pouco para cerca de 40 anos após o ano 1000. Morríamos por quase tudo, e isso quando não éramos comidos por um predador. Morríamos de infecção nos dentes, ou de outras causas deixadas com lembranças por nossos ancestrais: como a 'apendicite'. Problemas com o nosso *'stupid design'*. Morríamos, antes da penicilina, por motivos que hoje seriam considerados absurdos.

Mal adaptados para a savana morríamos em nossa origem pobre, miserável, faminta. Cercados por agressores visíveis e 'invisíveis' morríamos aos montes, e sem chance de luta. Morríamos prematuramente, e morríamos até de medo: de onde vêm os furacões, vulcões, terremotos, maremotos, tsunamis, asteroides, eclipses? De onde vêm as doenças? Então, de onde vem a morte? E a vida?

De tudo foi tentado, do sacrifício de animais a crianças, e de guerreiros a virgens, para aplacar a ira dos deuses. E finalmente inventamos uma justificação antropomórfica como consolo. *'Alguém'* acima de nós controla tudo, com uma personalidade humana, com direito a ira, ódio, mau humor, misericórdia, perdão e compaixão. Primeiro foram deuses para cada elemento natural, depois deuses *humanificados*, depois *super-deuses*, até o monismo. Primeiro no Egito de Akhenaton (Século XVIII AEC), logo depois sincretizado pelos hebreus, que também adotaram os anjos do zoroastrismo, além dos códices e escrituras sumérias e babilônias. Deuses foram invocados para intervir em fenômenos naturais e aleatórios, aos quais desconhecíamos. A profunda ignorância nos levou aos deuses, assim como o conhecimento nos leva à sua derrocada. Mas não sem antes provocar muitas mortes, e que vão muito além dos sacrifícios, em guerras pela supremacia de uns deuses sobre outros - e que persistem.

A ignorância viria palmilhando, avançando por meio da invenção da cerveja – o que Hitchens saudou como um grande avanço, superado apenas pelo *scotch whisky* -, dos diversos cultivos, pela domesticação de animais, e degraus tecnológicos. mas sempre em meio à ignorância e medo - duas armas letais nas mãos dos usurpadores que vivem entre nós.

Então, retornando de toda esta digressão, voltamos ao ponto de onde deus, nos primeiros 99 mil anos de nossa existência, assiste com inglória indiferença que morramos 40 vezes mais ao nascer, sejamos quase 100 vezes mais violentos, e morramos entre 30 e 40 anos de idade. Para no acender das luzes do Iluminismo, pelas mãos de incrédulos, hereges, e homens que ousaram desafiar – por exemplo - a dengue - considerada como possessão demoníaca até o final do século XVIII da Era Comum - ou questionar os ensinamentos bíblicos sobre a lepra - condenando suas vítimas por imundos e igualmente possuídos; afinal deus desconhecia o bacilo causador da doença. Assim como os deuses indianos, todos eles, desconhecem sobre o vibrião causador da cólera, e cuja origem de todas as pandemias dos últimos tempos tiveram como porto de partida as águas *'sagradas'* e contaminadas do Ganges.

Deuses permitiam que a sua *'tribo'* preferida atacasse a tribo vizinha, que cultuava outro deus - supostamente errado -, ou por haver envenenado suas águas. Estupraram suas mulheres e crianças, assassinaram seus guerreiros, *in nomine* de Tupã. Quando o inimigo estava oculto, não haviam deuses - de um lado ou de outro – que dessem jeito. Este era o reino dos micro-organismos, que só puderam ser conhecidos quando aprimoramos nossas lentes, e definitivamente ABRIMOS OS OLHOS. Ajustamos um foco para o *'mais pequeno'* e outro para o *'mais grande'*, e desvendamos muitos mistérios tidos como *'inexplicáveis'*; demonstrando cabalmente, e até aqui, que tudo o que se pensou ser *'inexplicável'* não passava de *'inexplicado'*. E aqui estamos. em outro MUNDO, um novo mundo: *maravilhosamente imperfeitos.*

Então, deus decide intervir e faz uma aliança com Abraão, para criar a sua congregação. Um ódio desenfreado pelos demais povos é deflagrado, e a tribo encolerizada de deus avança em sua jornada de sangue - ora ganhando, ora perdendo. E pasmem: perdendo muito mais do que ganhando, apesar das 2,5 milhões de mortes descritas na bíblia como perpetradas por deus, ou a mando dele. Se, só para glorifica-lo, 3.000 irmãos e amigos foram mortos, vocês podem avaliar o tamanho do estrago quando este deus está realmente furioso? Mas este deus já havia feito o *recall* com Noé – lembram? -, matando toda a humanidade por afogamento, o que está fora da contagem dos 2,5 milhões citados nas escrituras de *'deus'*. Na realidade precisaríamos contabilizar toda a vida animal extinta – injustamente.

E mesmo assim o quadro para a mortalidade infantil e expectativa de vida se mantiveram inalterados. Nada mudou quando Cristo, o ungido, desceu a Terra, e nada mudou depois de seu curto ministério de *'um ano'* em uma região inóspita e iletrada. O que poderíamos haver aproveitado de suas lições se a China, bem mais populosa, letrada e culta, tivesse sido escolhida?

5.   Apocalipse

Um novo processo de Seleção, igualmente *'natural'* – porquanto cego – está em curso: a seleção *memética*. Uma nova Evolução Adaptativa, comunitária, humana, global, em detrimento da adaptação individual, está em curso: a Memória Humana do Universo.

Assim *'deus'*, o *'deus'* dos cristãos e islâmicos – porque os judeus nada querem com o Novo Testamento -, termina sua *"bíblia"*, sendo estas as suas lapidares últimas palavras - por meio do ventríloquo João:

> *"Porque eu testifico a todo aquele que ouvir as palavras da profecia deste livro que, se alguém*
> *lhes acrescentar alguma coisa, Deus fará vir sobre ele as pragas que estão escritas neste livro;*
> *E, se alguém tirar quaisquer palavras do livro desta profecia, Deus tirará a sua parte do livro*
> *da vida, e da cidade santa, e das coisas que estão escritas neste livro. Aquele que testifica estas*
> *coisas diz: Certamente cedo venho. Amém. Ora vem, Senhor Jesus. A graça de nosso Senhor*
> *Jesus Cristo seja com todos vós. Amém. THE END!" - Apocalipse [22:18-21]*

Assim termina a bíblia após a ameaça de destruição total da Terra, da Vida e do Homem - segundo o *"Plano de Deus"*; e cuja matança é perpetrada diretamente por Cristo, aquele *cara pacifista que oferece a outra face ao agressor, mas depois vem para mostrar a verdadeira face no Juízo Final.* Vingança e morte sem limites, o que denota a franca dissimulação deste pacifismo piegas, nunca provado, nunca demonstrado. Coros de pacifismos são entoados enquanto as espadas são forjadas. E quem nos vocifera é Cristo:

> *"Não cuideis que vim trazer a paz à terra; não vim trazer paz, mas espada; Porque eu vim pôr*
> *em dissensão o homem contra seu pai, e a filha contra sua mãe, e a nora contra sua sogra; E*
> *assim os inimigos do homem serão os seus familiares. Quem ama o pai ou a mãe mais do que a*
> *mim não é digno de mim; e quem ama o filho ou a filha mais do que a mim não é digno de*
> *mim." - Mateus [10:34-37]*

E assim seria o Apocalipse segundo a *Mitologia Cristã*, tendo o Jesus que se tornou *'Cristo'* no comando de um exército assassino:

*"E o que vivo e fui morto, mas eis aqui estou vivo [JESUS] para todo o sempre. Amém. **E tenho as chaves da morte e do inferno**." - Apocalipse [1:18]*

A vingança, tal como esperada, enfim:

"E clamavam com grande voz, dizendo: Até quando, ó verdadeiro e santo Dominador, não julgas e vingas o nosso sangue dos que habitam sobre a terra?" - Apocalipse [6:8-10]

Um quarto da Vida é aniquilada:

"E olhei, e eis um cavalo amarelo, e o que estava assentado sobre ele tinha por nome Morte; e o inferno o seguia; e foi-lhes dado poder para matar a quarta parte da terra, com espada, e com fome, e com peste, e com as feras da terra." - Apocalipse [6:8]

E em seguida outra saraivada de atrocidades vulgares:

"E os sete anjos, que tinham as sete trombetas, prepararam-se para tocá-las. E o primeiro anjo tocou a sua trombeta, e houve saraiva e fogo misturado com sangue, e foram lançados na terra, que foi queimada na sua terça parte; queimou-se a terça parte das árvores, e toda a erva verde foi queimada. E o segundo anjo tocou a trombeta; e foi lançada no mar uma coisa como um grande monte ardendo em fogo, e tornou-se em sangue a terça parte do mar. E morreu a terça parte das criaturas que tinham vida no mar; e perdeu-se a terça parte das naus. E o terceiro anjo tocou a sua trombeta, e caiu do céu uma grande estrela ardendo como uma tocha, e caiu sobre a terça parte dos rios, e sobre as fontes das águas. E o nome da estrela era Absinto, e a terça parte das águas tornou-se em absinto, e muitos homens morreram das águas, porque se tornaram amargas. E o quarto anjo tocou a sua trombeta, e foi ferida a terça parte do sol, e a terça parte da lua, e a terça parte das estrelas; para que a terça parte deles se escurecesse, e a terça parte do dia não brilhasse, e semelhantemente a noite. E olhei, e ouvi um anjo voar pelo meio do céu, dizendo com grande voz: Ai! ai! ai! dos que habitam sobre a terra! por causa das outras vozes das trombetas dos três anjos que hão de ainda tocar." - Apocalipse [8:6-13]

O pior de tudo isso, em toda esta sina apocalíptica cristã, é que o messias não vêm, *e nem sequer telefonou para explicar por que está atrasado em 2.000 anos.* Então encontramos a piada do *Apocalipse Maya*, e panfletamos que "o fim está próximo!" - O FIM DA PICADA.

No último *'Final dos Tempos'* do qual participei, sobrevivi para registrar o ocorrido com a seguinte paródia:

Apocalipse NEWS: Até agora nada foi registrado, e diretamente de Tokyo - onde já estão preparando os sushis para o almoço. Falei agora com um amigo em Pago-Pago, onde já são 14:45, mas infelizmente as festividades apocalípticas continuam em stand-by.. Mas esperamos que nas próximas horas, também não aconteça nada, e mais tarde porra nenhuma. E esperamos que depois de mais este fiasco as pessoas estudem, e entendam que os filminhos da TV são de brincadeirinha, o que inclui espíritos, deuses - todos - eles, freudismo, comunismo, aliens, astrologia, etc. Adventistas não aprenderam nem quando o seu advento michou com a profecia de George Miller - o dia da Grande Decepção. Muitos apocalipses já falharam.

Cristãos ainda esperam a vinda de Cristo mesmo quando 2.000 anos se passaram desde os anúncios oficiais. João cita Jesus (1.900 anos atrás) dizendo:

"Eis que venho sem demora." [Ap 3:11], [Ap 22:7], [Ap 22:12], [Ap 22:20]

João acredita que "o tempo está próximo", e as coisas que ele escreve no Apocalipse "brevemente devem acontecer." [Ap 1:1], [Ap 1:3]; Tiago pensou que Jesus voltaria logo. [Tg 5:8]; Cansaram de esperar acreditando que estariam vivendo os "últimos tempos." [I Pe 1:5], [I Pe 1:7], [I Pe 1:20], [I Pe 5:4]; Cansaram de esperar acreditando que "está próximo o fim de todas as coisas." [I Pe 4:7]; O autor de II Pedro está atento as expectativas frustradas dos crentes, ele sabe que Jesus, que deveria regressar em breve, simplesmente não veio. Muitos começaram a perguntar, "Onde está a promessa da sua vinda?", ao que ele explica dizendo – embromatoriamente - que "um dia para o Senhor é como mil anos." [II Pe 3:4], [II Pe 3:8]; João pensa que está vivendo "as últimas horas." Ele sabe disto porque vê tantos anticristos ao seu redor. [I Jo 2:18], [I Jo 4:3]; João adverte seus seguidores para se prepararem porque Jesus está vindo logo. [I Jo 2:28]; João espera viver para ver o retorno de Jesus. [I Jo 3:2]; Em [Gn 13:15], [Gn 15:18], [Gn 17:8] e [Ex 32:13] Deus promete para Abraão e seus descendentes a terra de Canaã, "para que a possuam por herança eternamente." Mas aqui Paulo admite que a promessa de Deus não foi cumprida. [Hb 11:9-13]; O autor de Hebreus acreditava que Jesus voltaria em "um pouquinho de tempo, e o que há de vir virá e não tardará." [Hb 10:37]; Paulo diz para os filipenses que sejam bons até "o Dia de Cristo." Assim ele esperou que Jesus voltasse durante as suas vidas. [Fp 1:10]; "Perto está o Senhor." Paulo pensou que o fim estava próximo e que Jesus voltaria logo após dele escrever estas palavras. [Fp 4:5]; Paulo espera que Jesus volte durante a vida dos seus seguidores. [I Ts 3:13]; Paulo pensou que viveria para ver a volta de Jesus. [I Ts 4:15], [I Ts 4:17]; Paulo reza para que os tessalonicenses sejam bons até a volta de Jesus. É claro que ele esperava que isto acontecesse durante a vida deles. [I Ts 5:23]; Paulo acreditava que ele veria o retorno de Jesus. [II Ts 2:2]; Paulo esperava que Jesus voltasse durante a geração dele. [I Tm 6:14]; O autor de Hebreus acreditava estar vivendo os "últimos dias." [Hb 1:1]; Paulo acreditou que o fim do mundo estava próximo. "O dia é chegado." [Rm 13:11-12]; Jesus insinua que ele voltará a terra durante a vida de João. [Jo 21:22]; Este verso reivindica que o [Dt 18:18-19] se refere a Jesus, o que não é verdade, mesmo assim é usado para dizer que aqueles que se recusam a segui-lo (todos os não cristãos) devem ser mortos. [At 3:23]; Paulo diz para os coríntios que sejam bons até "o Dia de nosso Senhor Jesus Cristo." Assim ele esperou que

Jesus voltasse durante as suas vidas. [I Co 1:7-8]; Jesus, assim como Paulo e os outros escritores do Novo Testamento, esperam o fim para breve. "O tempo se abrevia." Assim, não há tempo para sexo, de qualquer maneira, o mundo logo terminará. [I Co 7:29]; Paulo diz que o fim do mundo virá durante a vida dele. [I Co 10:11].

E por aí vai. E assim caminha a humanidade!

A cantora TETÊ ESPINDOLA, que a essa altura deve ser minha *'ex-amiga de luz'* - e deve ter esquecido de tomar o seu *'Gardenal'* - publicou as seguintes sandices:

"O próximo 12 de Dezembro se produzirá um evento sem precedentes na história da Terra. Pela primeira vez se ativarão de maneira definitiva os códigos de luz da alma. Os quais foram desativados faz milhares de anos. Cumpre-se assim um requisito imprescindível para a chegada da nova Terra: ao ser humano, pois, para ascender, tem que estar completo. Recuperaremos deste modo o que nos pertence por direito próprio: a lembrança de quem somos e para que viemos, assim como as capacidades que nos são inerentes. Mas uma coisa é recuperar e outra é saber utilizar. Para as pessoas que estão despertas, a recuperação dessas lembranças e capacidades pode representar uma bênção. Muitos levam anos desejando-o. Entretanto, os que ainda continuam ancorados na velha energia podem ver-se imersos de repente em um profundo caos interior. Lembranças aos que não encontram o porque e percepções que não compreendem e que, além disso, assustam-lhes. Será necessário que, depois dessa data, as pessoas que trabalham ao serviço da Luz aumentem seus esforços para ajudá-los a integrar o processo. Cada um de nós deve preparar-se previamente para esse momento, tal como nos aconselha o Mestre Kuthumi [...] A partir da manhã de 12 de novembro, muitas pessoas sentirão o profundo desejo de dar um giro completo a suas vidas. Outros empreenderão seu caminho com forças renovadas; e outros sentirão uma grande confusão interna. Os efeitos variarão em função do grau de evolução de cada um, e das resistências que esteja opondo ao processo de mudança, que todos estamos experimentando. O objetivo desta ativação é acabar com as limitações que, do interior de nós mesmos, estão nos impedindo de evoluir ou despertar. Não se trata de uma interferencia no livre-arbítrio dos seres humanos. Trata-se de eliminar uma limitação que nos foi imposta ha milhares de anos, quando alguns seres confusos decidiram interferir em nosso processo evolutivo. Se nos detenemos a explicar o como e o porque daquela ocorrência, seria entrar na velha energia de separação e luta, da que já nos estamos afastando. Já não importa como, quando, onde, quem ou para que, dentro de pouco estará resolvido. O 12 do 12 do 12 se produzirá uma grande ativação, mas não será a última. Grandes acontecimentos nos esperam à volta da esquina. Recebamo-los com amor, livres de temores e inquietações, porque chega o reino da Luz à Terra, e isso merece uma grande festa. Todos Reunidos em relação a diversidade, uma orquestra sinfônica tem dezenas de instrumentos variados, diferentes, mas juntos soam celestialmente. Assim devemos estar conscientes neste momento. De coração a coração, muita luz." - Mestre Kuthumi

"12.12.12 - COMO PREPARAR-SE PARA O PRÓXIMO PORTAL: Acredito que são atitudes que, independente da abertura do portal 12:12:12, devem ser buscadas por nós constantemente. Trata-se de mantermos a nossa integridade como Seres Divinos que somos. Começando a limpar nossas próprias Vidas amorosamente. Despedindo-se de todos os hábitos e formas de pensar que têm suas raízes na ilusão da separatividade e da negatividade. Revisem seus mundos e desprendam-se. Livrem-se de tudo que não está em consonância com a Verdade

de seu Verdadeiro Ser, ou Ser Real. Simplifiquem tudo, até que tudo esteja vibrando de acordo e deixe espaço para o Novo. [...] Assegurem-se de ter um tempo para cada coisa, para poder então entrar no Silêncio e escutar as Transmissões que a partir de agora estão disponíveis. Reúnam-se com Grupos para apoiarem-se em desenvolvimento contínuo. Reservem um tempo para relaxar e descansar, pois isto facilita a integração com as Frequências mais aceleradas que estão agora ao nosso alcance. Livrem-se de qualquer conceito errôneo a respeito de poderes. Todos nós temos usado de maneira errada nossos Poderes, isto é parte da terceira dimensão. Ponham de lado os conceitos de culpa e se perdoem por todas as transgressões. Recordem-se de quem realmente são e ancorem seu Ser Superior em seu corpo físico. Seus egos aos poucos desaparecerão. Este Ser Superior é pleno de Amor e Sabedoria e começará a ver pelos seus olhos, a pensar pela sua mente, transformando tudo. Assumam suas novas identidades de Seres Superiores, sem nenhum temor. [...] Sintam-se unos com o Anjo Dourado Solar e deixem-no Servir à sua vida diária e atuar na Consciência da Humanidade, aliviando suas cargas e iluminando seus caminhos. Lembrem-se que não estão sós, somos milhões." – Tetê Espindola

Não chega a ser uma *anunciação do Armagedon literal*, mas certamente marca o *Apocalipse da razão em favor da sandice aloprada e desenfreada*. E tudo isso por conta da coincidência do alinhamento de alguns signos: *12.12.12*. Então, *seres de luz*, não deixem de tomar o GARDENAL NOSSO DE CADA DIA - ou HALDOL -, e comecem por ESTUDAR - mas estudar muito. Comecem considerando o resumo de minha resposta a Espíndola logo abaixo:

[...] ou seja, 'forças cósmicas' poderosas, esotéricas, já estavam conectadas com Rômulo e o calendário romano, que antes tinha apenas 10 meses e totalizava 304 dias. O que traria problemas para a 'ativação dos códigos de luz da alma'. Mas por sorte, Numa Pompílio deu um tapinha, alterando para 12 meses. Só que tal calendário possuía apenas 355 dias, o que também alteraria a data para a 'ativação'. Isso numa época em que pouco ou nada se sabia sobre a Lua - um simples satélite da Terra e um pálido reflexo do Sol -, e o Sol, uma estrela um milhão de vezes maior do que a Terra - em estado de plasma, fusionando o Hidrogênio em Hélio e toda a gama de elementos químicos mais pesados, assim como fazem as outras 10^{22} estrelas do Universo. Mas o calendário romano era uma tremenda gambiarra, e naturalmente não condizia com a incômoda REALIDADE. Sendo assim, foi necessário, em anos alternados, incluir um décimo primeiro mês, o 'Mercedônio', composto de 27 dias, e usurpando quatro ou cinco dias de Fevereiro. Tal compensação, procedida por um 'colégio de pontífices' do império romano, estava baseada apenas em conveniências políticas - nada 'luminosas'. Então, outra adaptação foi feita, na tentativa de transformar o calendário em Luni-Solar, com 12 meses, e totalizando 355 dias. Para dar um tapinha final, seria necessário ainda adicionar um mês extra, 'mensis intercalaris', de dois em dois anos, fazendo com que os anos seguissem uma sequência irregular de 355, 377, 355, 378 dias - e que ainda dependia de ajustes. A decisão de inserir o mês extra era de responsabilidade do

'pontifex maximus' – uau! - que tratava de acomodar toda essa zona, e buscar algum sincronismo com eventos sazonais, relacionados - como sabemos - com o movimento de translação da Terra - a 108.000 km/h. Tudo isso de forma muito imprecisa, já que muito pouco se sabia sobre astronomia – factum est - e sobre a REALIDADE que nos cerca. Mas por meio de colegiados romanos e decisões políticas, estávamos no caminho das 'luzes' ou da 'VGM' - Viagem Geral na Maionese. Então, em 46 AEC, Júlio César - conhecidíssimo imperador romano -, percebendo que as festas romanas em comemoração à estação mais florida do ano, marcadas para Março (que era o primeiro mês do ano), caíam em pleno Inverno, determinou que o astrônomo alexandrino Sosígenes corrigisse o calendário. As modificações realizadas a partir desses estudos modificaram radicalmente o calendário romano: dois meses, 'Unodecembris' e 'Duocembris' - ou seja, dois 'Dezembros' - foram adicionados ao final do ano de 46 AEC, deslocando assim 'Januarius' e 'Februarius' para o início do ano de 45 AEC. Os dias dos meses foram fixados numa sequência de 31, 30, 31, 30. Assim temos de 'Januarius' a 'Decembris', à exceção de 'Februarius', que ficou com 29 dias, e que a cada três anos passaria a ter 30 dias. Só com estas mudanças POLÍTICAS, o Calendário Juliano passou a ter doze meses que somavam 365 dias. E só assim 'a ativação dos códigos' será possível para 12/12/12. Ou seja, todos os erros anteriores, todas as imprecisões, anos bissextos, etc, tudo conflui perfeitamente com o cosmos, para redundar na 'ativação'. O mês de 'Martius', por exemplo, que era o primeiro mês do ano, continuou demarcando o equinócio. Foi abandonado o formato Luni-Solar do calendário romano em favor de um calendário predominantemente Solar. O Cosmos também corrige suas datas? O mês intercalar 'Mercedonius' - de 22 e 23 dias - foi substituído por apenas 'um dia', chamado de 'dia extra', que deveria ser incluso após o 25º dia de 'Februarius', "ante die sextum kalenda martias"; que, em função da equivocada contagem romana acabaria gerando a necessidade de correção por meio do ano bissexto - de 366 dias -, e que deveria ocorrer a cada três anos. Os anos bissextos definidos no calendário Juliano foram aproximados do calendário trópico por 365,25 dias, incorporando pequenos erros no alinhamento das estações ao longo dos anos. Tudo isso fruto do desconhecimento - literalmente - astronômico, e de severas imprecisões, mas a 'ativação do código continua firme'. O Imperador Augusto, homem de pouca LUZ, acabou corrigindo essas diferenças em no ano 8, DETERMINANDO que os anos bissextos ocorressem de quatro em quatro anos. Um evento pitoresco e histórico, conhecido como 'Ano da Confusão', ocorreu quando toda esta adaptação entrou em curso e ninguém mais sabia em que calendário deveriam basear-se. Em 44 AEC, o líder Júlio César foi homenageado pelo senado, que mudou o nome do mês 'Quintilis' para

'Julius', um mês de 31 dias. O senado romano decidiu também homenagear seu primeiro imperador através da mudança do nome do mês 'Sextilis' para 'Augustus'. O mês de 'Februarius' passou de 29 para 28 dias, cedendo um dia para o mês em homenagem a 'Augusto', que passou de 30 para 31 dias; com mudança também nos demais meses, de 31 para 30 e vice e versa até o fim do ano. Interferindo diretamente na data da ATIVAÇÃO. Mas tudo isso são meros detalhes. CRER É O QUE IMPORTA, NÃO É MESMO? Crer em qualquer padrão, mesmo que não haja provas sobre sua validez. O que importa é seguir a 'trupe', e o 'circo já está armado'. Este calendário vigorou até a Idade Média, e importando um dia de erro no alinhamento dos equinócios a cada 128 anos - mas ainda não estava sincronizado com ano trópico, e com a REALIDADE. Em 4 de outubro de 1582, o Papa Gregório XIII, que esteve no papado por apenas 56 dias - o pontifício mais curto de história -, resolveu suprimir 10 dias do calendário Juliano e mudou a regra do ano bissexto implementada por Augusto. E sendo assim, o dia da 'ativação' estava cada vez mais confirmado - e pelas mãos pouco luminosas do pontifício católico apostólico romano. Este novo calendário foi adotado por países onde a Igreja Católica era predominante - exemplo, Brasil -, entretanto, a Igreja Ortodoxa não aceitou seguir esta mudança, optando pela permanência no calendário Juliano o que explica hoje a diferença de 13 dias entre estes dois calendários. Como será a 'ativação' para os ortodoxos? E para os judeus, chineses, e indianos, ou seja, para uma enormidade da população da Terra - desta Terra, não da 'Nova' - que seguem outros calendários? Então, por meio de decretos arbitrados por ambiciosos imperadores romanos, guerreiros, e assassinos, chegamos à "ativação dos códigos de luz da alma", conveniente e infantilmente em 12/12/12 - ou 12/12/2012 - que desfaz a simetria. Na realidade, o mais importante em notar que estamos próximos de 12/12 é considerar que faltam poucos dias para o fim do ano, e pouco tempo para procurar um 'neurologista', que certamente deverá diagnosticar alguma anomalia nos lobos temporais ou parietais - região comumente acometida de distúrbios em quem acredita em absurdos como estes. Esta é sim uma piada de mal gosto. Mas a questão não acaba aqui. '2012', embora apenas o '12' interesse para os devidos fins "intergalácticos", só é '2012' porque existem imprecisões e adaptações homéricas sobre a correta data para o lendário nascimento do lendário Cristo. De forma que a esmagadora maioria dos historiadores, mesmo aqueles que 'acreditam na lenda de Cristo', concordam com no mínimo 8 anos de imprecisão nesta data; ou seja, '2012' também está em cheque! Baboseiras similares também foram propagadas em 1/1/1, 2/2/2, 3/3/3, e sobretudo em 12/12/12 - ano XII -, e em 12/12/0112, e 12/12/1012. E o que dizer de 12/12/1212? Dia perfeito para a "ativação"! Mas como diria o ambicioso Júlio César: *"alea jacta est / a sorte está lançada". Triste destino! Só posso rogar que ESTUDEM!* - **Carlos Sherman**

Esqueçamos aqui de todas as baboseiras sobre o *Apocalipse* ou *"ativações da alma"* baseadas em qualquer tipo de calendário. E acho que fui conclusivo; mas dispomos de novas e boas notícias sobre o *'Apocalipse'*, o *'verdadeiro' Fim de Tudo.*

Assim como a maioria das mitologias descrevem *o princípio do "mundo"*, a *"criação"*, o *"princípio de tudo"*, elas também predizem *o "fim do 'mundo"* como algum tipo de cataclismo definitivo, no qual as escoras que suportam a Vida cederão e o *"mundo"* será consumido pelo fogo, tomado por um dilúvio, ou algo que o valha. Contrários a este fim cataclísmico, alguns povos nativos *norteamericanos* celebram complexos rituais anuais cujo objetivo é a eterna *"renovação do mundo"*. A celebração do Ano Novo para os antigos babilônios também tinha este propósito, mantendo as forças do caos à distância, e permitindo que *'deus' Marduk* e seu séquito, *reestabelecessem a ordem universal para o ano seguinte.*

Esses rituais trazem a ideia implícita de que sem um esforço concentrado o mundo escorregaria para o caos primitivo, podendo até mesmo ser *"descriado"* com a mesma facilidade com que foi *"criado"*. Por exemplo, quando Jasper Blowsnake - uma fonte essencial para os etnógrafos que estudaram a mitologia da nação *winnebago* - foi iniciado nos ritos medicinais sagrados da tribo, disseram-lhe:

> *"Mantenha tudo em segredo absoluto. Se o revelar, o mundo chegará ao fim. Todos morreremos."*

E não morreram. De forma semelhante, quando o etnologista e fotógrafo Edward Curtis fotografou os *tambores sagrados de tartaruga dos Mandans*, seu guardião, Packs Wolf, lhe disse:

> *"Não os vire jamais; se isso acontecer, todas as pessoas morrerão."*

E não morreram. O Antigo Testamento faz o mesmo, ameaçando de morte ao primeiro homem criado, apenas por desejar o conhecimento entre o bem e o mal nem seja tentado, e a autoridade reine absoluta:

> *"E ordenou o Senhor Deus ao homem, dizendo: De toda a árvore do jardim comerás livremente, mas da árvore do conhecimento do bem e do mal, dela não comerás; porque no dia em que dela comeres, certamente morrerás." - Gênesis [2:16-17]*

E nada aconteceu! Por todo o mundo, dos *Hmongs* do Laos aos *Tabas* de *Gran Chaco* na América do Sul, proliferam os mitos apocalípticos, catástrofes mundiais que residem no passado, e terríveis advertências para cataclismos futuros. Como bem ironizou o poeta americano Robert Frost (1874-1963), ganhador do Prêmio Pulitzer:

> *"O mundo acabará em fogo, dizem alguns. Para outros, findará em gelo. Pelo que sei do desejo, me junto àqueles a favor do fogo."*

O Livro de *Chilam Balam*, dos Maias, afirma que:

> *"[...] todas as luas, todos os anos, todos os dias, todos os ventos, chegam à plenitude e fenecem."*

Os *Maias* acreditavam que *o tempo mantinha os 'deuses' presos dentro das estrelas*, e essa complexa figuração mitológica também é incorporada de forma enviesada pelo *Zoroastrismo persa, na qual o tempo era imaginado como um meio aprisionar o espírito do mal – Ahriman - dentro da 'criação' e levá-lo à sua queda final. O 'deus' zoroastrista Ahura Mazda* também tem *paralelos sincréticos claros com o Shiva hindu*, ambos podem criar e destruir o mundo ao seu bel prazer.

Uma velha canção egípcia fala de *"milhões e milhões de anos futuros" na terra dos mortos.* No entanto, acreditem ou não, os egípcios jamais pensaram que a *"eternidade"* duraria *'eternamente'*. Chegaria um dia em que o *deus-Sol Rá* se cansaria e daria cabo do mundo; então, ele se reuniria com Osíris *"nas águas primevas de Nun"*, e *'finis'*. Este roteiro já estaria previsto por Rá quando incumbiu a Osíris do árduo trabalho de cuidar do *Mundo Subterrâneo*. O próprio *Rá* teria sentenciado:

> *"Destruirei toda a criação. A terra ficará oculta em águas infinitas, como foi no principio. Eu permanecerei lá com Osíris, depois de me transformar em uma serpente que os homens não conseguirão distinguir e que os deuses não poderão ver."*

Um excelente enredo para a *escola de samba* brasileira *'Mangueira'* em 2015. E estas foram as crenças *'oficiais'* destes povos por milênios. Rá, em sua nova forma, uma espécie de *"serpente cósmica"* contendo as forças elementares, tanto da criação quanto do caos, repousará em uma espécie de *"oceano cósmico"* - seja lá o que isso signifique -, com a *cabeça embocando a cauda*, até que acordará mais uma vez para criar um mundo inteiramente novo. Um universo cíclico!

E fico imaginando: *o que esses caras fumavam, para 'ver' tudo isso?* Como o conceito *Hindu* de que cada ciclo da criação representa apenas um dia e uma noite para *Brahma*; aproxima-se do modelo mitológico egípcio antigo - afinal eram vizinhos. Mesmo os *'mundos'* que terminarão em batalhas e confrontos, como no caso da mitologia e dos deuses nórdicos, que serão extintos na batalha final de *Ragnarok*, serão *'discretamente'* recriados bem longe do desastre; *uma forma condescendente de assegurar um final feliz - não importa o quão improvável ou contraditório*. Os *Vikings* diziam ainda que somente duas pessoas, *Lif* e *Lifthrasir*, sobreviveriam para repovoar esse "novo" mundo, nesta "nova chance".

Na mitologia dos *Hopis*, cujo vilarejo *Oraibi* é a colonização mais antiga da América do Norte, esse mundo, o quarto de uma série de sete, está entrando agora no seu *"termo final"*. As profecias *Hopis* predizem que:

> *"[...] quando aparecer uma estrela azul e o espírito dela, Saquasohuh, descer à Terra para dançar na praça pública, esse quarto mundo chegará ao fim."*

O quinto mundo, que o substituirá, já está emergindo:

> *"[...] os sinais podem ser lidos na própria Terra."*

Mas a verdade sobre os possíveis destinos que nos aguardam, podem ser muito mais assustadores, porquanto REAIS. Nem trombetas, nem escorpiões, nem anjos, *'deuses'* vingativos, ou duvidosos juízos morais. Nem serpentes – falantes ou não -, nem danças na praça pública, nem exotismo.

Todas as evidências apontam para o um possível *'Big Freeze'* ou até mesmo um *'Big Rip'*! E por que não um *'Big Crunch'*? Humanos consequentes e desejosos de *'conhecer a verdade'* devem *'suspender o juízo'* em um estado de postura ética e filosófica conhecida por *'epoché'*. Isso é estritamente necessário quando conversamos seriamente sobre o destino do Universo, porque estamos impregnados por devaneios ou temores infanto-juvenis, fantasias mitológicas e dogmas morais. Mas o destino do Universo depende efetivamente e realmente da **densidade média do Universo e de sua taxa de expansão**.

Sabemos hoje, a despeito de crendices de ocasião, que o Universo está – inescapavelmente - em expansão. Sendo assim, será a quantidade REAL de matéria no Universo o parâmetro que decidirá o nosso futuro. E já contamos com uma ideia bastante aproximada da quantidade de matéria visível que existe, mas ainda não fechamos os cálculos sobre a quantidade de matéria escura, e é desta empreitada, objeto da Física Cosmológica, que dependerá o futuro de nosso *'mundo'*.

Simplificadamente:

> *"[...] se a densidade do Universo for menor que três átomos por metro cúbico, será insuficiente para travar a expansão, e sendo assim o Universo deverá expandir-se-á indefinidamente, em*

um fenômeno batizado como 'Big Rip', condenando o Universo a 'uma morte fria em meio à escuridão mais absoluta' - finito. "

Neste caso, todos os fenômenos físicos se encerrariam em uns 35 bilhões de anos, ou seja, estamos a mais ou menos ¼ da vida do Universo. Considerando a existência da Terra, estamos a 1/10 do seu tempo total – teoricamente -, porque cataclismos mais próximos estão a caminho.

A Estrela Máxima do espetáculo em nosso sistema solar é o *'Sol'* – e não a Terra -, que por meio da fusão do Hidrogênio em Hélio, produz energia, permite a vida, e se mantém como uma estrela *'estável'*. Uma estrela como o *Sol* também tem o seu ciclo de vida e morte, em um processo conhecido por *'Evolução Estelar'*. A enorme pressão exercida pela liberação de energia no núcleo da estrela é contida pela força gravitacional que age no sentido oposto, mantendo assim o equilíbrio da estrela. Naturalmente, ao longo do tempo, sendo este o inescapável destino observado pelos astrônomos em outras estrelas, o Hidrogênio é consumido, provocando uma queda em suas reações, e a gravidade vence. A estrela então diminui, contraindo sobre seu núcleo, provocando o gradual aquecimento da estrela ao longo de bilhões de anos, até colapsar. Mas antes disso viveremos um estágio na vida da estrela conhecido como *'Gigante Vermelha'* (McFadden; p. 27; 2007).

Estimativas baseadas na observação de outros planetas indicam que o Sol já concluiu um pouco menos da metade de sua existência (Bond; p. 50; 2012), de forma que não devemos nos preocupar tanto com o destino do Universo; em cinco bilhões de anos a maior parte do Hidrogênio em seu núcleo terá se exaurido, o que provocará a importante perda de pressão, e a gravidade provocará a contração do núcleo, na tentativa de equilibrar novamente a estrutura da estrela.

A pressão resultante da contração, neste ponto, será suficiente para que as camadas ao redor do núcleo também sejam capazes de converter parte do Hidrogênio restante em Hélio. Essa nova área de fusão nuclear provocará o aumento da temperatura e a expansão das camadas exteriores, e consequentemente o aumento das dimensões da estrela, além da diminuição de sua temperatura superficial para cerca de 4 mil graus Celsius - com um aumento apreciável do brilho, o que a transformará em uma estrela *'Gigante Vermelha'*.

Com isso as dimensões do raio do Sol aumentarão entre cem e duzentas vezes, fazendo com que Mercúrio e provavelmente Vênus sejam incorporados à camada externa da estrela. O aumento da temperatura e da luminosidade afetarão todos os corpos do Sistema Solar. Os oceanos da Terra serão completamente vaporizados e as temperaturas na superfície do planeta poderão chegar a mais de 1.200°C.

Robert Frost estaria então certo. O gelo presente nas luas de Júpiter se fundirá e provavelmente se tornará vapor. Em Netuno as temperaturas serão semelhantes às atuais da Terra, e no Cinturão de Kuiper o calor será suficiente para vaporizar os cometas (McFadden; p. 27; 2007). O Sol, devido à instabilidade em seu núcleo, deverá ejetar suas camadas exteriores, que brilharão durante alguns milhares de anos e formarão uma esplendorosa nebulosa planetária nos estágios finais de sua existência - semelhante à Nebulosa de Hélix.

A gravidade reduzida na superfície do Sol, por conta da expansão, fará com que a intensidade do vento solar aumente substancialmente, o que provocará a perda gradual da massa da estrela. Enquanto isso, o núcleo solar continuará sua contração até que a pressão e a temperatura sejam suficientes para iniciar a fusão do Hélio no núcleo transformando-o em Carbono e Oxigênio, enquanto o pouco Hidrogênio restante continuará a ser consumido nas camadas em torno do centro. Contudo, o Hélio deverá se extinguir rapidamente e o núcleo novamente será contraído, permitindo que uma nova camada de fusão de Hélio surja ao redor do núcleo. Esse é um processo instável que produz numerosas oscilações denominadas *flashes* de Hélio.

Como consequência deste cenário verdadeiramente apocalíptico as camadas externas não mais se manterão coesas, e após numerosas pulsações serão ejetadas, formando uma nebulosa planetária que não deve durar por muito tempo, mas brilhará intensamente por conta da grande quantidade de radiação que emana do núcleo remanescente. À medida que a massa da estrela se perde no meio interestelar, sua força gravitacional se torna cada vez menor, provocando o gradual afastamento dos corpos que o orbitam e o completo rompimento da ligação que mantinha os objetos mais afastados em órbita.

Toda essa fase de gigante vermelha deve se prolongar por cerca de setecentos milhões de anos. A vida estará extinta e liquidada muito antes disso, *sem direito a 'sursis'* (McFadden; p. 28; 2007;) (Bond; p. 51; 2012). O núcleo remanescente da estrela, após a ejeção de suas camadas externas e perda da maior parte de sua massa, continuará a se contrair; mas agora a pressão central não é mais suficiente para dar origem a novos processos de fusão e gerar energia. Com isso, por ação da gravidade, a estrela se contrairá até certo ponto, irradiando sua energia restante, mas não sendo mais capaz de realizar a fusão nuclear e gerar luz e calor.

A massa remanescente neste ponto corresponderá a somente trinta por cento da massa original do Sol, e suas dimensões serão semelhantes às da Terra. O Sol agora passaria a ser classificado como uma *'Anã Branca'*. Os possíveis corpos remanescentes do Sistema Solar entrarão numa era de frio profundo, já que o pequeno núcleo remanescente liberará lentamente a sua energia, brilho e temperatura; gradualmente, toda a energia da estrela decairá durante um período que se prolongará por cerca de um bilhão de anos, até o ponto em que a luminosidade se tornará tão débil que será impossível detectá-la por meio dos equipamentos disponíveis em nossa tecnologia atual.

O Sol se tornará então uma *'Anã Negra'*, um objeto extremamente frio e escuro que vaga em meio a outras estrelas sem emitir nenhum tipo de radiação, cercado por possíveis remanescentes do que um dia foi o Sistema Solar (McFadden; p. 28; 2007) (Bond; p. 51; 2012). Os planetas também poderão entrar em rota de colisão no futuro, já que suas rotas não serão estáveis. Pequenas variações nas órbitas, que se acumulam durante milhões de anos, fatalmente nos levarão a um cenário caótico. No entanto, tais cenários são extremamente difíceis de prever em longo prazo. Mas é certo que estaremos seguros pelos próximos quarenta milhões de anos.

No futuro, no entanto, a órbita de Mercúrio tenderá a se tornar cada vez mais excêntrica, levando o planeta a cruzar com a órbita de Vênus ou ainda com a da Terra, perturbando a trajetória de todos os planetas interiores; o que, consequentemente, poderá causar a nossa colisão com Vênus em 3,5 bilhões de anos, ou a ejeção do planeta biruta para fora do Sistema Solar.

Marte também poderá estar em nosso caminho novamente em alguns bilhões de anos mais. Os gigantes gasosos, contudo, não devem sofrer mudanças consideráveis em suas órbitas devido a esses processos, por conta sobretudo das suas massas relativamente superiores em relação aos planetas internos (David Shiga; 2008) (Batygin & Laughlin; 2008) (Laskar; 1994).

Também poderemos enfrentar, bem antes do destino do Universo, uma esperada colisão entre Galáxias. Em cerca de quatro bilhões de anos a Via Láctea entrará em um processo de fusão com a Galáxia de Andrômeda, que atualmente está a 2,5 milhões de anos-luz de distância de nós. Apesar da expansão do Universo, com a maioria das galáxias se afastando umas das outras, as duas galáxias possuem interação gravitacional mútua, o que as direciona para uma colisão com uma velocidade de aproximação de cerca de 400 mil quilômetros por hora - em relação à Via Láctea.

Todavia, as chances das estrelas das duas galáxias colidirem é muito remota, por conta das imensas distâncias interestelares. Entretanto, elas serão direcionadas para órbitas aleatórias e totalmente diferentes em torno do novo centro galáctico que será formado. Por isso, o Sol, e consequentemente os outros corpos do Sistema Solar, serão movidos para outra região da galáxia, provavelmente bem mais afastada do centro, mas sem o risco substancial de serem destruídos. A fusão das galáxias levará mais de dois bilhões de anos para ser completada, e no final teremos uma imensa galáxia elíptica (NASA; 'Hubble Shows Milky Way is Destined for Head-On Collision'; 2012).

De forma que a vida na Terra corre riscos bem mais severos e iminentes do que pensar no destino do Universo ou do Sol. Mas, se a massa do Universo for suficiente para deter a expansão – o que em princípio já está descartado -, viveremos um *'Big Crunch'*; i.e., o Universo iniciará um processo de contração forçado pela grande quantidade de massa, comprimindo-se até que dentro de uns 20 bilhões de anos acabe por colapsar em uma singularidade - algo similar ao *'Big Bang'*, só que ao revés. Neste caso seria plausível pensar que, após o *'Big Crunch'*, o Universo pudesse recomeçar em outro *'Big Bang'*. **Quem sabe? Os 'deuses' com certeza nada sabem sobre isso.** Mas gosto da aposta de Alberto Caeiro – que era Fernando Pessoa:

> Para além da curva da estrada
> Talvez haja um poço, e talvez um castelo,
> E talvez apenas a continuação da estrada.
> Não sei nem pergunto.
> Enquanto vou na estrada antes da curva
> Só olho para a estrada antes da curva,
> Porque não posso ver senão a estrada antes da curva.
> De nada me serviria estar olhando para outro lado
> E para aquilo que não vejo.
> Importemo-nos apenas com o lugar onde estamos.
> Há beleza bastante em estar aqui e não noutra parte qualquer.
> Se há alguém para além da curva da estrada,
> Esses que se preocupem com o que há para além da curva da estrada.
> Essa é que é a estrada para eles.
> Se nós tivermos que chegar lá, quando lá chegarmos saberemos.
> Por ora só sabemos que lá não estamos.
> Aqui há só a estrada antes da curva, e antes da curva
> Há a estrada sem curva nenhuma.
> - Fernando Pessoa (Poemas Inconjuntos; 1994; p.129)

Encaremos o nosso futuro, considerando o nosso passado. Há 100 anos considerávamos o Universo estático e eterno. Em 100 bilhões de anos, qualquer observador em nossa galáxia ou em qualquer outra não verá senão sua própria galáxia. Exatamente como víamos os céus no passado, exatamente como víamos os céus em 1915 – com a publicação da 'Relatividade Geral' por Einstein. Estamos em expansão acelerada e todas as galáxias tenderão a desparecer no firmamento, e poderão até mesmo afastar-se acima da velocidade da luz - o que a Relatividade Geral permite. E todas as evidências do Hubble já não estarão no céu para serem notadas. Não veremos mais galáxias nem *'velas guias'*. Tudo será diferente. E não teremos também evidências do Big Bang, nem da radiação de fundo, nada. Nada.

E, sendo assim, não seria possível, se houvéssemos *despertado* para a vida em meio a este quadro, conhecer a existência da energia escura, e consequentemente do Big Bang - posto que não existiriam suficientes evidências. Neste cenário, não seria possível entender o universo, nem a Física Quântica, nem a Relatividade, nem a Evolução, e um Universo aparentemente estático e eterno, confinado a uma galáxia, não nos permitiria efetivar as perguntas corretas. Esse seria um bom momento para o obscurantismo, para as *'crendices'* e *'superstições'*. Mas hoje podemos VER, seguir nossas *'velas guia'*, seguir a LUZ. FIAT LUX!

Vivemos em um período especial *'sim'*, dispondo de faculdades que nos permitem experimentar e memorizar o Universo, sua História e destino, fazendo as perguntas corretas, e subindo cada vez mais alto nos ombros de gigantes elevados sobre outros gigantes, que por sua vez também apoiaram-se em gigantes. Na inteligente ironia de Krauss:

> *"Nós vivemos em um tempo muito especial: o único tempo em que podemos, por observação, verificar que vivemos em um tempo muito especial."* - Krauss

E Krauss arremata nos dizendo que:

> *"No futuro seremos solitários e ignorantes, mas dominantes."* - Krauss

E devo concluir que: **tal e qual no passado dominado pelos deuses!**

6. A Poesia da Realidade

Leiam a indelével obra do biólogo britânico Richard Dawkins 'Desvendando o Arco-Íris' (1998) e ponto final (.).

Bem, acho que não posso começar e terminar este capítulo assim. Seria um desrespeito com os meus leitores, muito embora este não seja o caso aqui; também não decorre de preguiça ou falta de tempo. Trata-se, na realidade, da simples constatação de que Dawkins, magistralmente, encerrou a falaciosa questão da mútua exclusão entre sensibilidade e intelectualidade – ou, se preferirem, falso embate entre poesia e razão, sentimento e pensamento. Dawkins, corrigindo uma milenar injustiça - matou a cobra e mostrou o pau – e ponto final. Não obstante, e modestamente, considero que ainda seja possível agregar alguns pontos a este debate.

"'Quando eu uso a palavra', disse o Gordinho em um tom gozador, 'ela significa exatamente o que eu quis que ela significasse' – nada mais, nada menos. 'A dúvida é', disse Alice, 'você pode fazer as palavras significarem coisas diferentes'. 'A dúvida é', disse o Gordinho, 'quem manda – só isso'" - Charles Lutwidge Dodgson, alias Lewis Carroll ('Alice no País das Maravilhas'; 1871)

A comunicação nos deu maravilhas, nos deu a cultura, nos trouxe até aqui. Mas a comunicação também é motivo de grande confusão. Definir semanticamente nossas proposições é essencial. Inicio a presente reflexão pela constatação do que viria a ser 'ciência'; segundo o Houaiss, podemos traduzir tal conceito substantivo como:

ciência
substantivo feminino
1 conhecimento atento e aprofundado de algo
1.1 esse conhecimento como informação, noção precisa; consciência
Exs.: c. do bem, do mal
 tomei c. das irregularidades
1.2 conhecimento amplo adquirido via reflexão ou experiência
Exs.: a c. do bom convívio
 c. dos negócios
2 corpo de conhecimentos sistematizados adquiridos via observação, identificação, pesquisa e explicação de determinadas categorias de fenômenos e fatos, e formulados metódica e racionalmente
Exs.: homem de c.
 as leis da c.
3 Derivação: por metonímia.
atividade, disciplina ou estudo voltado para um ramo do conhecimento
Ex.: a c. da biologia, do direito
4 Derivação: por extensão de sentido.
erudição, saber
Ex.: ser um poço de c.
5 Rubrica: filosofia.
conhecimento que, em constante interrogação de seu método, suas origens e seus fins, obedece a princípios válidos e rigorosos, almejando esp. coerência interna e sistematicidade
5.1 Rubrica: filosofia.
cada um dos inúmeros ramos particulares e específicos do conhecimento, caracterizados por sua natureza empírica, lógica e sistemática, baseada em provas, princípios, argumentações ou demonstrações que garantam ou legitimem a sua validade

Temos então que *'ciência'* é *"conhecimento atento e aprofundado de algo, noção precisa, consciência"*; e pela rubrica filosófica temos conhecimento seria a *"constante interrogação de seu método, suas origens e seus fins, obedece a princípios válidos e rigorosos, almejando coerência interna [...] conhecimento, [...] baseado em provas, princípios, argumentações ou demonstrações que garantam ou legitimem a sua validade"*. Nada mal. Mas poderíamos resumir tudo pela etimologia da palavra conhecimento, derivada do latim – *scientia* -, que significa tão e somente: *conhecimento, saber, arte e habilidade.*

E a 'Ciência', o que viria a ser? *'Ciência' ou corpus científico, é o conhecimento cumulativo humano. A atitude científica seria a nobre arte de nos tornarmos cientes pelo confronto de nossas evidências, hipóteses, e teorias, com a realidade. Digo ainda que inventamos a Ciência para testar a nossa própria lucidez.*

Mas o que é *'poesia'*? O que viria a ser *'a poesia da realidade'*? O que é *'a realidade'*? O que é *'a verdade'*? *Existem verdades*? Por que *'a verdade'* seria inegavelmente mais bela do que qualquer outra disposição?

Comecemos avaliando o que viria a ser *'poético'*, o que é *'poesia'*? E consultemos o Houaiss outra vez:

poético
adjetivo
1 relativo a ou próprio da poesia
2 que tem poesia; que tem qualidades, atmosfera, encanto ou características da poesia
Ex.: texto p., filme p.
3 que produz inspiração; inspirador
Ex.: moça de semblante p.

Etimologicamente o adjetivo tem as suas raízes no grego, e decorre do conceito de algo *"engenhoso, inventivo"*, portanto, *"poético"*. O substantivo feminino *'poesia'*, por sua vez, deriva do latim, e corresponde a:

poesia
substantivo feminino
1 arte de compor ou escrever versos
2 composição em versos (livres e/ou providos de rima), ger. com associações harmoniosas de palavras, ritmos e imagens
3 composição poética de pequena extensão
4 arte dos versos característica de um poeta, de um povo, de uma época
5 poder criativo; inspiração; o que desperta emoção, enlevo, sentimento de beleza, apreciação estética

A poesia é uma forma de *'arte'* ou gênero lírico; sendo considerada pela Literatura como *"uma das sete artes tradicionais"*. Mas o que viria a ser *'arte'*? Neste ponto abrimos a Caixa de Pandora:

arte
substantivo feminino
*1 habilidade ou **disposição dirigida** para a execução de uma finalidade prática ou teórica, realizada de forma **consciente, controlada e racional***
2 conjunto de meios e procedimentos através dos quais é possível a obtenção de finalidades práticas ou a produção de objetos; técnica
3 Derivação: por extensão de sentido (da acp. 1).
*o uso dessa **habilidade** nos diversos campos do **pensamento e do conhecimento humano***
Ex.: a. do pensamento
4 Derivação: por extensão de sentido (das acp. 1 e 2).
*o uso dessas habilidades nos diversos campos da **experiência e da prática humana***
Exs.: a a. da estratégia
a a. da música
5 Derivação: por extensão de sentido (das acp. 1 e 2).
*acervo de normas e conhecimentos indispensáveis ao **exercício correto de uma atividade**, ofício ou profissão*
Ex.: a aprendizagem e o ensino de uma a.
6 Derivação: por metonímia.
ofício, profissão, esp. quando se trata de trabalho manual
Ex.: a. da ourivesaria
7 Derivação: por metonímia.

tratado que encerra tais normas e conhecimentos
  Obs.: inicial maiúsc.
Ex.: a Arte Poética de Aristóteles
*8 perfeição, **esmero técnico** na elaboração (**p.opos. à espontaneidade natural**); requinte*
Ex.: um jardim sem a.
9 capacidade especial; aptidão, jeito, dom
Ex.: dominava a a. de aquietar as crianças
*10 **forma de agir**; maneira, jeito*
Ex.: de tal a. insistiu, que ela cedeu
*11 **habilidade para fascinar, seduzir ou enganar; ardil, artimanha, astúcia***
Ex.: usava todas as a. para conquistar o público
*12 **produção consciente de obras**, formas ou objetos voltada para a concretização de um ideal de beleza e harmonia ou para a expressão da subjetividade humana*
Exs.: a. literária
 a. da pintura
 a. cinematográfica
12.1 as artes plásticas
Exs.: galeria de a.
 crítico de a.
13 Derivação: por extensão de sentido.
talento, contribuição própria da inteligência e da sensibilidade de um artista
Ex.: a a. de Van Gogh
14 Derivação: por extensão de sentido.
tendência geral e/ou a totalidade das manifestações artísticas em determinada época, fase, lugar etc.
Exs.: a a. do Renascimento
 a a. expressionista
*15 obra humana, de **funções práticas ou mágicas**, e posteriormente considerada bela, sugestiva*
Ex.: a a. dos menires

Não ajudou muito com a definição de poesia – e ao contrário -, mas demos um passo bastante esclarecedor em direção ao conceito de *'arte'* que será essencial mais adiante; sobretudo no que tange às seguintes qualificações: *"disposição dirigida [...] consciente, controlada e racional [...] habilidade nos diversos campos do pensamento e do conhecimento humano [...] experiência e prática humana [...] exercício correto de uma atividade [...] esmero técnico na elaboração (oposto à espontaneidade natural) [...] habilidade para fascinar, seduzir ou enganar; ardil, artimanha, astúcia [...] habilidade para fascinar, seduzir ou enganar; ardil, artimanha, astúcia [...]talento, contribuição própria da inteligência e da sensibilidade de um artista [...] funções práticas ou mágicas [...]"*. Tais fragmentos estão bem engendrados no contexto da definição do conceito de arte, estabelecido pelo melhor dicionário de nossa língua; ainda assim trata-se de um conceito bem amplo, e não é de se admirar que conduza a tanta confusão. A começar pela correlação entre arte e inconsciência ou ausência de ações conscientes e racionais.

Seguindo a nossa sina de definir o que viria a ser poético e sem pretender um aprofundamento semiótico do termo, sugiro que investiguemos algumas de suas predefinições formais mais populares:

> *"Poesia, segundo o modo de falar comum, quer dizer duas coisas. A arte, que a ensina, e a obra feita com a arte; a arte é a poesia, a obra poema, o poeta o artífice." – Manuel Pires de Almeida (citado por Muhana; 2006)*

Interessante e consagrada definição. Dito de outra forma, mas sem ferir a definição cunhada pelo escritor português Manuel Pires de Almeida (1597-1655), a poesia é uma forma de arte, e pode ser ensinada. Ensinar pressupõe métodos e conceitos didáticos. Resgatando a conceituação de 'arte' - *supra* desenvolvida - para o conceito de arte, temos que existe um processo claramente intelectual envolvido em fazer poesia.

Estou brincando com estes significados, apenas para fazer baixar toda a poeira do achologismo vigente, e que nos tem conduzido a milenares mal-entendidos. Mas, de fato, e muitos podem haver notado, não precisaríamos de toda esta volta para concluir que *'tudo'* no comportamento humano provém de nosso intelecto, quer estejamos conscientes ou não sobre o funcionamento de nosso sistema neural. A eventual veia poética, de cunho dramático, humorístico, depressivo, ou vulgar, decorre de nosso perfil de personalidade – fisiologicamente constituído, neuroquimicamente equilibrado, e geneticamente infundido.

Se seremos mais ou menos líricos em nossa forma de pensar e agir, tal comportamento não decorre de nenhum tipo de conquista ou mérito, senão da simples constatação de uma característica de personalidade. Atuar de forma mais ou menos poética não significa mais do que a expressão dos contornos de nossa neuropsicologia. Podemos e devemos celebrar a diversidade humana, mas as festividades devem cessar por aí, e despidas de vãs idolatrias. Existem pessoas exibicionistas, narcisistas, assim como existem pessoas introspectivas e silenciosas, existem humanos objetivos e concisos, e outros espalhafatosos e amplificados.

Aristóteles tem a sua própria conceituação sobre o que *'viria a ser' [sic]* a poesia; melhor dizendo, Aristóteles destaca a superioridade da Poesia e sobre a História - ou entre a atitude de *'poetizar'* em contraste à descrição histórica ou direta dos fatos e feitos. Segundo Aristóteles, haveria um componente metafísico, místico, na poesia, por conta do que chama de *"vir a ser"* – ou *"vir a suceder"*, dependendo da tradução – seja lá o que isso signifique -, como abordado em sua *'Poética'* (IX; 50):

> *"[o historiador] narra acontecimentos e o outro [o poeta], fatos os quais podiam acontecer. Por isso a Poesia encerra mais filosofia e elevação do que a História; aquela enuncia verdades gerais; esta relata fatos particulares. Enunciar verdades gerais é dizer que espécie de coisas um indivíduo de natureza tal vem a dizer que ou fazer verossímil ou necessariamente; a isso visa a poesia, ainda quando nomeia personagens. Assim, entende-se que a poesia tende para o 'vir a ser', o que a torna mais bela do ponto de vista filosófico porque abrange uma capacidade filosófica que está para*
> *além de uma mera narração de fatos passados."*

Preciso refutar este juízo de valores, e começo pelo final: Aristóteles está confundindo poetas com videntes. Em princípio ambos, poetas e historiadores, tecem comentários sobre fenômenos e experiências no passado. O tempo não é um fator que mereça destaque quando promovemos poetas e rebaixamos historiadores. O *'filósofo'* assume que qualquer poeta, e apenas por declarar-se poeta, e apenas por adotar uma linguagem dita poética, faz jus a estabelecer *'verdades'*. Isso não de um declarado e *declamado* [sic] absurdo. Sobre *"mera narração de fatos"*, deixei, propositadamente, a primeira parte deste *"versículo"* da *'Poética'* de fora, onde diz:

> *[...] não é ofício de poeta narrar o que aconteceu; é, sim, o de representar o que poderia suceder [ou acontecer], quer dizer: o que é possível segundo a verossimilhança e a necessidade. Com efeito, não diferem o historiador e o poeta por escreverem verso ou prosa [...] pois bem poderiam ser postos em verso as obras de Heródoto, e nem por isso deixariam de ser história, estando em verso o que estava em prosa [...].*

Exatamente. Só faltou dizer que qualquer pensamento que tenha sido expresso em verso, se convertido em prosa, deveria dizer alguma coisa que enderece a realidade – ou a verdade, como pretende Aristóteles. Primeiro vou tratar de reabilitar os historiadores, e por que não dizer *os 'cientistas historiadores' do Universo e da Vida*; depois efetivarei o confronto entre poesia e verborragia.

Não pretendo um ataque *Ad Hominem*, mas preciso criticar as credenciais de Aristóteles como *pensador*. O *filósofo* escreveu asneiras suficientes para encher uma enciclopédia de equívocos, e baseou-se apenas em sua autoridade; foi um *taxonomista* de seu próprio solipsismo. Quando *'percebeu'* que objetos com maior massa caiam mais depressa do que os mais leves, correu para classificá-los e documentá-los com erudita autoridade; mas não se preocupou em constatar suas *'falsas'* alegações. Então decide que alguns homens devem ser escravizados, porque assim parecer ser; então descreverá pomposamente que assim é. Isso, enquanto afirma que as estrelas estão relacionadas a esferas de cristal, e o faz sem um rasgo de dúvida. Postula que pensamos com o *"coração"* – *ipsis litteris* -, enquanto o *'cérebro'* operaria como uma espécie de *'radiador'* esfriando sangue que seria mais quente de um lado de nosso corpo e consequentemente mais frio - *'ou resfriado pelo cérebro'* - do outro; nada de testes aqui também.

E passa então a vilipendiar qualquer tipo de constatação *'empírica'*, como se obter provas contrariasse algum princípio ético. Arbitrou que a mulher era inferior ao homem, e, entre outros motivos, por possuir *"menos dentes do que os homens"*; ao que Bertrand Russell ironizou:

> *"Aristóteles afirmou que as mulheres têm menos dentes do que os homens. Tendo sido casado duas vezes, nunca lhe ocorreu verificar tal afirmação, apenas examinando as bocas de suas esposas." - Bertrand Russell ('O impacto da ciência na sociedade'; 1951)*

Pois notem o descaso do *'filósofo'* em relação a qualquer tipo de prova referente aos seus postulados; mas notem com muito mais cuidado a certeza magnânima de Aristóteles na autoridade de seus *constructos*! É chocante e apavorante. Estudar o cérebro de Aristóteles seria a alegria da Neurociência, mas seus devaneios não poderiam se levados em conta na orientação de qualquer estudo sério sobre qualquer outro assunto.

Kant idolatra o torpor do pensamento mágico, ilógico, totalitário... mas deixa passar um fio de integridade: *maldita e fértil Ciência*. O *saber como* destrona a presunção do *saber que*:

> *Não desejo ocultar o fato de que só posso encarar com repugnância [...] a inflada presunção de todos esses volumes saturados de sabedoria, como os que agora estão de moda. De fato, estou plenamente convencido de que [...] os métodos aceitos devem aumentar infindavelmente essas loucuras e disparates, e de que mesmo a completa aniquilação de todas essas fantasiosas realizações não chegaria possivelmente a ser tão prejudicial quanto essa ciência fictícia, com sua maldita fertilidade. – Immanuel Kant*

Existe uma relação íntima entre História e Ciência; primeiro, como já foi dito, porque *a Ciência estuda a História de Tudo, a História do Universo*. A maior expressão deste princípio é o *'Big History Project'*, uma marca em nosso tempo. O Projeto BH é a antítese do devaneio Aristotélico, examinando o nosso passado, explicando o nosso presente, e imaginando o nosso futuro. É uma história sobre nós, sobre tudo; englobando todas as áreas do conhecimento humano, e traduzindo com poesia – sim -, imagens e som, a maravilhosa saga humana, e sua excelência em perscrutar o Universo. O BH é um projeto democrático de 'amor'.

A *'Grande História'* começou a ser compilada e contada nos anos 80 pelos historiadores John Mears e David Christian em aulas experimentais. Tenho o prazer de integrar uma minúscula parte este esforço, desfrutando do convívio intelectual de maravilhosos seres humanos como David, além de Andrew McKenna – Diretor Executivo do BH Institute – e Tracy Sullivan – Chefe da

Área Educacional. A *'Grande História'* é um esforço conjunto entre professores, acadêmicos, cientistas e entusiastas, na abordagem multidisciplinar do conhecimento – uma obra de arte.

Em *'Desvendando o Arco-Íris'*, Dawkins propõe a seguinte dramatização:

> *"Vamos escrever a história de um ano numa única folha de papel. Isso não deixa muito espaço para detalhes'. Equivale mais ou menos à fulminante 'Retrospectiva do Ano' que os jornais apresentam em 31 de Dezembro. Depois, em outra folha vamos escrever a história do ano passado. E continuar assim pelos anos anteriores [...]."*

A versão numerada em encadernada deste exercício, levado a cabo com muito esmero, abarcando mais de treze séculos de História, em seis volumes, com quinhentas páginas cada, resume a magnífica obra *'O Declínio e Queda do Império Romano'*, do célebre historiador e parlamentar inglês Edward Gibbon (1737-1794). Foram mais de 12 anos da vida, de um homem que morreu aos 63 anos, dedicados a esta majestosa obra; mas Gibbon foi recompensado, e costumava citar o entusiasmo dos elogios proferidos por David Hume. Mas nem todos apreciaram este esforço épico:

> *"Mais um maldito livro quadrado e grosso. Rabiscando, rabiscando, sempre rabiscando! Eh! Sr. Gibbon?" – William Henry (primeiro duque de Gloucester; 1829)*

Gibbon assim definiria *'poeticamente'* a sua façanha:

> *"Foi [...] na noite de 27 de Junho 1787, entre onze e doze horas, que eu escrevi as últimas linhas da última página, no jardim de minha casa de verão. Eu não consigo discernir as primeiras emoções de alegria ao recuperar da minha liberdade, e, talvez, a concretização da minha fama. Mas o meu orgulho foi logo superado, e uma melancolia lúcida espalhou em minha mente a ideia de que eu havia declarado o distanciamento perpétuo de um velho e agradável companheiro, [...] a vida do historiador deve ser sempre curta e precária."*

Esta última reflexão foi extraída de outro *"maldito livro quadrado e grosso"* [sic], *'The Oxford Dictionary of Quotations'* (1992) - *volumes e volumes de grossos quadrados*. Mas para que servem? Podemos utilizar como peso para calçar portas, ou como mesas de centro, banquetas, quem sabe [sic]? Manusear livros grossos ainda faz mal à coluna [sic]. Dawkins nos lembra de outras utilidades:

> *"A domesticação do fogo foi climatérica em nossa história; desse feito deriva a maior parte de nossa tecnologia. Em que altura de nossa pilha de livros está a página em que se registrou essa descoberta histórica?"*

Onde estará descrito o feito arqueológico de desenterrar um guerreiro da era do bronze com sua máscara mortuária belamente preservada? Conheceremos a emoção e o temor poético do descobridor: *"contemplei a face de Agamenon"*. E onde estará Agamenon? Em que tomo, em que pilha, escorando que porta? No caminho encontraríamos Petra, *"uma cidade vermelha e rosada, quase tão velha quanto o tempo"* – quanta beleza e exagero poético! Ozimandias, o rei dos reis exclamaria: *"olhai minhas obras, ó Poderoso, e desesperai".* Hamurabi, Gilgamesh, os Jardins Suspensos da Babilônia, a Biblioteca de Alexandria! Precisaríamos retirar as taças vazias, os pratos sujos, para encontrar o volume que contém a história dos búlgaros cristãos, cegos aos milhares pelos turcos-otomanos.

De onde o zoólogo britânico Matt Riddley *'desenterrou'* a história do líder mongol que pretendia descobrir se havia alguma religião ou língua inata? Akbar confinou crianças até os 13 anos de idade – idade em que ascendeu ao trono -, descobrindo, por acidente, que os nossos sistemas de visão e fala são finalizados em nossos primeiros anos de vida; necessitando de estímulos – uma pista para compreender o *imprinting* neurológico. Em que obras da literatura médica as informações concernentes ao tumor cerebral que vitimou Kant foram encontradas? Hoje sabemos que sua fase mais apreciada como *'filósofo'* coincide com o início da doença - que estrearia sua nociva influência em 'Critica da Razão Pura' (1781)? *"Sem mais, meretíssimo!".*

7.   A Coragem da Verdade

A visão poética é apenas uma visão intensificada da realidade estabelecida por força de determinado traço neurológico em nossa personalidade, e nunca um atributo suficiente para caracterizar – *per si* – qualquer tipo de superioridade desta pessoa sobre aquela, ou desta visão sobre aquela. O conteúdo da mensagem ainda fará toda a diferença. Devemos celebrar as diferentes nuances *'poéticos'*, assim como denunciar a falsa emulação; mas sem nunca sacralizar a inclinação poética ou romântica, colocando-a acima de qualquer suspeita. O conteúdo da mensagem é mais importante que o envelope, do que o tipo de letra, a grafia, ou mesmo a estilística.

A verborragia não pode se esconder por trás da autêntica visão poética. A despeito do valor estilístico, uma obra de arte poética vale pela estória que enseja, vale pela estória por trás do feito, vale pela suposta experiência do artista que busca uma conexão com outros humanos. Somos providos da capacidade ímpar de compartilhar experiências por meio da comunicação, e somos essencialmente sociáveis, simbólicos, expressivos; e desejamos ardentemente – uns mais do que outros - conviver com testemunhas de nossa existência – neste hiato de nossa inexistência.

Qualquer clamor *'poético'* que subverta estes conceitos merece uma boa *'segunda olhada'*; podemos estar diante de uma impostura, um exercício de mero narcisismo, exibicionismo, ou coisa pior. A saber: *podemos estar diante de uma estética sem uma estória, podemos estar diante de pura verborragia.*

Richard Dawkins começa o seu *'Desvendando.'* assim:

> *"Um editor estrangeiro de meu primeiro livro confessou que não conseguiu dormir durante três noites depois de lê-lo, tão perturbado ficou com sua 'mensagem', que a ele pareceu desolada e fria. Outros me perguntaram como é que aguento me levantar todas as manhãs. Um professor de um país distante me escreveu uma carta de censura, pois uma aluna o tinha abordado em lágrimas depois de ler o mesmo livro, persuadida de que a vida era vazia e sem sentido. Ele a aconselhou a não mostrar o livro para nenhum de seus amigos, por medo de contaminá-los com o mesmo pessimismo niilista."*

E esse é o ponto aqui. O céu de Galileu representa, segundo o imaginário popular, o *'pessimismo niilista'*; é desolado, estéril, árido, melancólico. Esta é a mesma adjetivação lançada todos os dias contra as ciências em geral; e contra os seus *'vis'* e *'rasos'* seguidores. Como uma seita, nos moldes dos filmes americanos da década de 60, porta-vozes de algum tipo de mensagem apocalíptica, pilotando armas nucleares, ou remendando *frankensteins*. Homens frios, jalecos brancos esterilizados, cabelos engomados ou em demente desalinho - sem intermediários -, torturando pobres ratinhos, e planejando o fim do mundo.

O químico inglês Peter Atkins começa o seu livro *'The Second Law'* (1984) da seguinte forma:

> *"Somos os filhos do caos, e a estrutura profunda da mudança é a deterioração. No fundo, há apenas corrupção e a maré invencível do caos. Foi-se o desígnio, só resta a direção. Essa é a desolação que temos de aceitar, ao examinar profunda e desapaixonadamente o coração do universo."*

Poético! Trata-se da poesia da realidade. como uma letra do Pink Floyd. Piadinhas à parte, Atkins está certo; e Dawkins acrescenta outro 'verso':

> *"Contudo, esse expurgo muito apropriado do falso desígnio açucarado, essa elogiável firmeza da mente em desmascarar a sentimentalidade cósmica, não deve ser confundido com a perda de esperança pessoal."*

Este é o ponto. Desvelar a realidade e revelar a *'verdade'* é bem diferente de desejá-la. A nobre atitude de encarar o nosso destino, por mais difícil que possa parecer, sem hesitar, deve ser entendida em toda a sua dimensão como *a coragem da verdade*. Tudo indica que não existe, de fato, nenhum desígnio moral para o Cosmos; e o que dizer de nós? Sem *pódios* de chegada. Isso pode frustrar o negócio das religiões, e sua hermenêutica de incutir o medo para vender a salvação. Mas a vida humana, as nossas vidas íntimas, familiares, particulares, são regidas – de fato – por outras e mais calorosas ambições. Queremos alcançar o final do dia com saúde, imaginando que o nosso lar nos protege, como um castelo nos protegeria do ataque de dragões; e estender os braços ao abraço, e rolar no chão como criança. Queremos uma vida honrada, digna, e alguma coisa em nossa neuropsicologia nos protege da realidade, que teimamos em afastar.

Cientistas se ocupam da realidade e o fazem para que vivamos mais, choremos cada vez menos a perda de nossos filhinhos ao nascer, e soframos menos ao morrer. Trabalham apaixonada e obstinadamente para que deixemos um legado de conhecimento incremental que permita aos que virão fazer o mesmo e mais, por seus entes queridos.

"Acusar a ciência de roubar da vida o calor que a torna digna de ser vivida é um erro tão disparatado, tão diametralmente oposto a meus sentimentos e aos da maioria dos cientistas ativos que sou quase levado à desesperança que erroneamente suspeitam em mim." – Richard Dawkins

O falecido Carl Sagan era inigualável neste papel de mostrar o verdadeiro encantamento que move a atitude científica. Sentimos tanto a sua falta. Ele sabia como despertar em nós este sentimento de admiração reverente, que só o saber, e só experiência científica podem proporcionar. Uma profunda motivação passional, a despeito da timidez de muitos de seus praticantes, e que pode ser equiparada às mais belas expressões da música, da poesia, e superando mil vezes qualquer delírio religioso. Infelizmente despertar para esta compreensão não é para todos; tal revelação tem o poder de tornar a vida humana mais digna de ser vivida. E paradoxalmente, para cumprir esta função de elevar o significado da vida ao cume mais alto, precisamos encarar e a assumir a sua finitude.

Para o último dos poetas românticos ingleses e o mais jovem a morrer, John Keats (1795-1821), Newton havia destruído toda a poesia do arco-íris reduzindo-o à suas *"meras"* cores prismáticas. Esta é a mensagem de seu longo poema *'Lamia'*:

"Todos os encantos não se esvaem
Ao mero toque da fria Filosofia [ou Ciência]?
Havia um formidável arco-íris no céu de outrora;
Vimos a sua trama, a textura; ele agora
Consta do catálogo das coisas vulgares,
Filosofia [Ciência], asas de um anjo vais cortar,
Conquistar os mistérios com régua e traço,
Esvaziar a mina de gnomos, o ar do feitiço –
Desvendar o arco-íris [...]"

Keats não poderia estar mais equivocado; Newton tirava as vendas de nossos olhos, desvelando um inesgotável jorro de luz, e abrindo um portal precioso para o Universo. A compreensão do arco-íris nos conduziu à espectroscopia, que provou ser a chave para grande parte do que hoje sabemos sobre o Cosmos. E o coração de qualquer poeta digno do título de *'romântico'* não poderia evitar sobressaltos ululantes *"se contemplasse o Universo de Einstein, Hubble e Hawking"* (Dawkins).

O escritor e comediante inglês, Douglas Adams (1952-2001), famoso por participar do memorável grupo *Monty Python*, aplaca a revolta de Keats:

"Não basta apreciar a beleza de um jardim, é preciso também acreditar que há fadas nele?" ('O Guia do Mochileiro das Galáxias')

Keats, falecido aos 25 anos - porque ainda não havíamos evoluído em desvendar outros mistérios, outros *'arco-íris'* da Ciência Médica -, preferia o encanto de gnomos e feitiços ao mero convívio com a realidade do que chama de *"coisas vulgares"*. Qual é a atitude revolucionária aqui, e quem é o conservador, Newton ou Keats? Preso ao próprio solipsismo e medo, Keats pretende que sorvamos o *'anestésico da zona de conforto'* até a sua última gota; negando a experiência pura de encantos maiores e diversos, acorrentando-nos a cotidiano cativo e familiar, e privando a humanidade da excitante aventura de viver.

Parafraseando o contista e satirista irlandês, Bernard Shaw (1856-1950), Nobel de Literatura em 1925, se não podemos mudar a forma de pensar – pelo endereçamento da compreensão -, não poderemos mudar nada em nossas vidas. Isso elimina a necessidade de sábios que alcançaram à condição de autoridade por meio de dogmas em favor de exemplos e corolários cada vez mais completos, detalhados, e VERDADEIROS, que possam ser compreendidos por homens comuns – *éticos, logo céticos*.

Como um advogado inescrupuloso ou um apologeta religioso, Keats insufla o medo pela verdade, não medindo esforços em caluniar àqueles que a perseguem. Este tipo de *'romantismo'* e *'visão poética'* da realidade é do mesmo tipo de conservadorismo que procura condenar a liberdade – *homofóbica* - ao afeto. Quando pessoas do mesmo *'gênero regimental'*, portanto, portadores dos mesmos tipos de genitais, reclamam o justo direito à liberdade ao afeto, à liberdade individual, e à liberdade de manifestar a *'sexualidade diversa e divertida'* que pulsa em seus *'cérebros'*; recorrem à mesma classe de ciência para demonstrar que o *'arco-íris'* da dicotomia de gênero para o cérebro humano não passa de uma falácia. Neste momento passamos à condição de mocinhos e ajudamos a retirar as muitas vendas do desconhecimento sobre o comportamento humano; mas em outros casos, baseados nos mesmos princípios, cientistas são vistos com preconceito.

Keats abandonou abruptamente a carreira médica em favor da poesia; e, sem demérito por sua escolha pessoal, devo advertir que não considero a poesia como uma profissão, e sim uma disposição neuropsicológica. Keats poderia ter sido mais útil à humanidade e à sua própria vida - quem sabe? - explorando alternativas para o entendimento e tratamento da tuberculose que o vitimou. Um biólogo desvendando o *'arco-íris'* do *Mycobacterium tuberculosis* - ou bacilo de Koch -, uma das doenças infectocontagiosas mais letais do planeta. *Talvez os seus 'sonetos' imunológicos pudessem atingir mais 'corações', e dar alento a mais vidas, do que sua poesia trágica e desavisada*. Keats poderia ter contribuído também na farmacologia, descobrindo drogas como a *pirazinamida*, a *isoniazida* e a *rifamicina*, e realmente ajudado a *'salvar'* vidas. *Esta é a poesia da realidade.* Mas esta não era a sua veia neuropsicológica e muito menos artística.

De outro lado, um tal *'intencionalismo'* moral, projetado sobre realidade que viceja em contraexemplos, simplesmente tacha de desavergonhados àqueles que teimam em desafiar, com a sua experiência e pulsão, a visão romântica e poética do mito de Adão e Eva. A homoafetividade está em questão, assim como o seu homólogo homofóbico. A Neurociência, através da Biologia, corrige a questão: *controlamos ou livre-arbitramos as nossas ações - como parece ser? Ou, estamos configurados por um sem número de funções autômatas, disparadas em paralelo, e interagindo dinamicamente com o meio, e perfazendo uma ilusão de individualidade, que o interpretador localizado no lado esquerdo de nosso cérebro lê como se estivéssemos no controle?*

Alguns poderosos gnomos estão prestes a serem destronados; pois nossas vidas mais parecem com a experiência de passageiros de uma montanha-russa do que condutores *'intencionais'* de carrinhos de bate-bate, no parque de diversões da realidade. Esta *'realidade'* que emerge certamente servirá de inspiração para a poesia que virá, assim como para a revisão de nossas políticas judiciais e judiciárias, de nosso sistema educacional, e terapias psicológicas. Não temam a poesia da realidade.

A *'Falácia do Livre-Arbítrio'* assim como o subsequente *'Mito do Determinismo'* são temas que serão tratados em outra obra. Neste ponto, acentuo a perspicaz *'poesia'* de Shakespeare, quando entende – na obra epítome de romantismo, *'Romeu e Julieta'* - que tudo será resolvido no cérebro:

> *"Oh, já vejo que a rainha Mab contigo esteve.*
> *Ela é a parteira das fadas, e aparece*
> *Em forma não maior do que uma ágata*
> *No anel do índex de um senador,*
> *Conduzida por uma série de pequenos átomos*
> *Passa pelos narizes dos homens enquanto eles deitados dormem;*
> *Os raios das rodas do seu carro feitos de longas pernas de aranha,*
> *A coberta, de asas de gafanhotos;*
> *As rédeas, da mais fina teia de aranha;*
> *Os arreios, de húmidos raios de luar;*
> *O chicote, de osso de grilo; a mecha, de delgadíssimo fio;*
> *O cocheiro, um pequeno mosquito de libré cinzenta,*
> *Mais pequeno do que um pequeno e redondo ponto*
> *Retirado do indolente dedo de uma donzela;*
> *A sua carruagem é uma casca de avelã,*
> *Feita pelo marceneiro esquilo, ou pelo velho verme,*
> *Desde tempos imemoriais os segeiros das fadas.*
> *E neste esplendor ela galopa noite após noite*
> *Pelos cérebros dos amantes, que então sonham com o amor."* ('Romeu e Julieta'; a. I, c. IV)

E o 'poeta' aprofunda a sua análise neuroquímica do funcionamento cerebral, desconfiando do 'livre-arbítrio'; em 'Sonho de Uma Noite de Verão', Oberon chama a atenção de Puck para o fato de que, como a flecha disparada pelo Cupido e caída sobre a flor branca torno-a púrpura de paixão, eles poderiam induzir, com a mesma poção, o amor de Lisandro sobre Helena:

> "[...] se deitarmos um pouco do sumo sobre as pálpebras de homem ou mulher entregue ao sono ficará loucamente apaixonado por quem primeiro vir." ('Sonho de Uma Noite de Verão'; a. II, c. I)

Então Puck, meticulosa e 'quimicamente', apesar do lirismo poético, induz Lisandro a se apaixonar por Helena – a quem antes desprezava -, e Titânia a se apaixonar por Bottom - o tecelão com cabeça de asno. Matt Riddley, em sua memorável obra 'O Que Nos Faz Humanos', atua como uma espécie e Oberon moderno, desafiando muitos 'arco-íris':

> "Quem aposta comigo agora que eu não posso fazer agora algo parecido com uma Titânia moderna? É evidente que não seria suficiente uma gota nas pálpebras. Eu teria de dar a ela um anestésico geral enquanto introduziria uma cânula na amígdala medial e injetava ocitocina nela. Duvido que com isso eu conseguisse fazê-la se apaixonar por um asno. Mas eu podia ter uma boa probabilidade de fazê-la se sentir atraída pelo primeiro homem que ela visse quando acordasse. Você quer apostar?"

Fantasia por fantasia, devo esclarecer que, apesar do realismo contundente do comentário de Riddley, os comitês de ética científica jamais aprovariam tal experimento. Mas ainda assim ele ocorreu - e com inegável sucesso; tal experimento foi conduzido com diversos mamíferos que compartilham conosco a mesma estratégia bioquímica para o 'amor' (Riddley, c.2, 'Uma Abundância de Instintos'). Muitos aditivos devidamente aprovados por nosso consenso popular, como o álcool, drogas de uso psiquiátrico, e drogas ilegais, são capazes de induzir e potencializar comportamentos, ou desativar nossas estratégias e defesas inatas, e descaracterizar ou 'recaracterizar' nossa conduta. Existe muito a ser compreendido neste 'arco-íris', e que foge – mesmo considerando as flexíveis fronteiras - ao presente trabalho.

> "Então o céu me falou em linguagem límpida,
> Mais familiar ao coração do que o amor mais íntimo.
> O céu disse à minha alma: 'Tens o que desejas!
> Aprende que nasceste junto com esses ventos,
> Nuvens, estrelas, mares sempre em movimento,
> E habitantes da floresta. Essa é a tua natureza.
> Ergue de novo teu coração sem receio,
> Dorme na tumba, ou respira com enleio,
> Este mundo que com a flor e o tigre partilhas."
> ('Passion'; 1943)

Belíssimo, não? Não se trata de Shakespeare, mas da visão *'poética'* de uma estudante de ciências naturais em Cambridge. Algumas desilusões amorosas, além de um novo vislumbre da vida, proporcionado por seu curso de especialização em Biologia, serviram de inspiração para a pérola poética acima. Lembrando ainda, que no clássico shakespeariano de *'Romeu e Julieta'*, em apenas 3 dias este enlouquecido *'amor'* contaria 6 mortos.

E duro admitir, mas a exemplo de Dawkins, Yeats também é um dos meus poetas preferidos em língua inglesa; eu também citaria Whitman e Keats, mesmo que ambos tenham demonizado a Ciência. William Butler Yeats (1865-1939) foi um poeta irlandês neuropatologicamente místico, mas foi brilhante.

> *"Sossega, coração trêmulo, sossega;*
> *Recorda a sabedoria dos antigos dias:*
> *Quem treme diante das chamas e das águas,*
> *E dos ventos que sopram pelas estreladas vias,*
> *Que seja encoberto pelas chamas e pelas águas*
> *E pelos ventos estrelados, pois renega*
> *Unir-se à multitude solitária e imponente."* (*'The Wind Among the Reeds'*; 1899)

Uau, isso é forte como um bom gole de *Jameson* em uma noite fria. E essas seriam, sem dúvida, belas últimas palavras para qualquer cientista, e para qualquer ser humano. O próprio epitáfio do Yeats é desconcertante:

> *"Lança um olhar frio*
> *À vida, à morte.*
> *Cavaleiro, passa adiante!"*

Yeats também era hostil com o conhecimento, e Dawkins traduz como ninguém o meu sentimento de desperdício de todo este talento:

> *"Na velhice, Yeats procurou um tema e procurou-o em vão, acabando por voltar, em desespero, aos antigos temas de sua juventude fim de siècle. Que tristeza renunciar, naufragado entre os sonhos pagãos, abandonado entre as fadas e a Irlanda encantada da sua afetada juventude, quando, a uma hora de carro da torre de Yeats, a Irlanda abrigava o maior telescópio astronômico então construído. Era o refletor de 72 polegadas, construído antes do nascimento de Yeats por William Parsons, terceiro conde de Rosse, no castelo Birr (onde foi agora restaurado pelo sétimo conde). O que um simples vislumbre da Via Láctea através do instrumento óptico do 'Leviatã de Parsonstown' não teria feito pelo poeta frustrado que, ainda jovem, tinha escrito estes versos inesquecíveis?"*

Yeats denunciou a Ciência como o *"ópio dos subúrbios"*, e convocando ataques ao que chamou de *"cidade de Newton"*. Por implicação mais geral, a ciência seria o desmancha-prazeres da poesia, seca, fria, mórbida, sem alegria, arrogante e carente de *tudo o que um jovem romântico poderia desejar* [sic]. A síntese do niilismo pessimista imaginado por aqueles que principalmente NADA ENTENDEM DE CIÊNCIA.

O maravilhoso poeta americano, Walt Whitman (1819-1992), também parece padecer do mesmo desgosto conformista e conservador:

"Quando ouvi o astrônomo erudito,
Quando as provas, os números foram enfileirados diante de mim,
Quando me foram mostrados os mapas e diagramas a somar, dividir e medir,
Quando, sentado, ouvia o astrônomo muito aplaudido, na sala de conferências,
Senti-me logo inexplicavelmente cansado e enfermo,
Até que me levantei e saí, parecendo sem rumo
No ar úmido e místico da noite, e repetidas vezes
Olhei em perfeito silêncio para as estrelas." ('Leaves of Grass')

Que absurdo. Descortinamos e desbravamos um Universo incomensurável e ainda inexplorado, como inexploradas foram outras fronteiras escuras do passado, e Whitman se sente *"cansado e enfermo"*. Empenhamos paixões humanas e esforço intelectual coletivo, duas marcas indeléveis de nossa espécie, capaz de catapultar-nos em jornadas e aventuras; e Whitman lamenta a perda da ilusão, de contorno conservador, e por que não dizer: infanto-juvenil. Milton, exatamente por nascer no universo *'ampliando'* de Galileu, escreveria:

"Perante [seus] olhos, de súbito, aparecem os segredos da velha Profundidade ilimitada."

Houvera nascido antes de Galileu, antes do telescópio, antes dos *"óculos de ver o céu"*, antes do *"mensageiro das estrelas"*, e, aprisionado em um universo medieval, poderia haver ecoados os versos obscuros de William Blake:

"Quem ensina a Criança a Duvidar,
Nunca sairá da Cova Fétida.
Quem respeita a Fé da Criança
Triunfa sobre o Inferno e a Morte."

Terrível! O valoroso intento humano do conhecimento, caminho inequívoco para que menos crianças morram ao nascer, é relegado a uma *"Cova Fétida"* e *"húmida"* em favor de mitos e do vazio misticismo. O epítome da *misologia*!

Apesar do apelo nostálgico, por que devemos preferir um céu que mais parece uma discoteca a preenchê-lo com incontáveis batalhas termonucleares contra a gravidade? Por que não podemos silenciar contemplando a beleza de sua dança, suas leis, domínios, e escalada? A previsibilidade e a imprevisibilidade jogando as cartas de nosso destino. O que pode suscitar maior curiosidade e admiração? Por que preferir o mistério ao seu célebre desvelar? Como se nos levantássemos no início da sessão, e quando o herói intelectual de Conan Doyle acaba de encontrar o corpo. Por que não podemos poetizar sobre as centelhas de um passado distante, longínquo, cataclísmico, e silencioso? Por que não podemos amar a verdade escondida na realidade?

"Eu também passei um bom tempo deitado na encosta de qualquer colina, durante horas, olhando as estrelas e sendo cativado por sua beleza – e sendo picados por insetos, cujas marcas demoravam semanas em desaparecer. Mas o que vejo – esses silenciosos e cintilantes pontos de luz - não resume toda a beleza que há. Eu deveria permanecer carinhosamente admirado de uma folha solitária e ignorar voluntariamente a beleza do bosque? Deveria me satisfazer olhando o Sol refletido em um grão de areia e desprezando qualquer conhecimento sobre a praia?" – Isaac Asimov ('Ciência e Beleza'; publicado no Washington Post em 1979)

Estes pontos brilhantes no céu que chamamos de estrelas são mundos inexplorados. São 'sóis', alguns de grandeza inimaginável, com um brilho que remonta mais de mil vezes o brilho doméstico de nosso astro-rei. Alguns destes sóis estão nos estertores de sua existência, enquanto outros ainda brilham em condição moribunda; outros resumem uma intensidade massiva espetacular, porquanto são menores do que o nosso microscópico planeta; outros excedem a tudo o que podemos imaginar, em dimensão, *rebeldia* e *intensidade*. Outros sóis canibalizam sóis, e sua imperscrutável massa está confinada a um volume que tende a zero, enquanto sua gravidade tente ao infinito. Sugando a tudo o que teima em permanecer na sua revolucionária vizinhança; como um ralo espiral de onde nada escapa além de *"um grito agonizante de raio X"* (Asimov; 1979).

Algumas destas estrelas exibem ilibada saúde, enquanto outras, após consumir o combustível de suas vidas, expandem sua dor em colossais abóbodas de gás e poeira cósmica; e então outros mundos serão possíveis, deixando uma herança de esperança e probabilidades para novos mundos.

"Os poetas reclamam que a ciência retira a beleza das estrelas. Mas eu posso vê-las de noite no deserto, e senti-las. Vejo menos ou mais" - Richard Feynman ('The Feynman Lectures on Physics: Mainly Mechanics, Radiation, and Heat'; 1963)

Estas estrelas produzem, no tempo de suas vidas, os elementos da vida, espalhando os ingredientes da possibilidade orgânica da qual somos meros e passivos herdeiros. Sua morte cataclísmica poliniza o universo com centelhas de possibilidades através de agentes invisíveis - a força motriz da evolução astrobiológica. E quantas vidas mais o Universo há de abrigar? O que mais um autor necessita para criar? Isso se não estiver embotado pelo mesquinho sentimento da inveja, a inveja daqueles que conhecem o que ele teima em desprezar.

O que vemos no céu noturno, em absoluto silêncio, é apenas uma ínfima parte de todo o seu esplendor. Grãos de areia em um oceano cósmico. Por que não mergulhar neste oceano? Em uma noite escura, deitado na relva em algum lugar – e protegidos por repelentes [sic] –, não seremos capazes de contar mais do que 2.500 pontos luminosos no céu. Somente a nossa vizinhança, a nossa *cidade no endereço cósmico*, a Via Láctea, exibe gloriosos 300 mil milhões de estrelas - que desprezamos em nosso vão solipsismo. E fomos capazes, alçados aos ombros de gigantes e utilizando as lentes certas, de ver mais longe, muito mais longe, para honrar todo este espetáculo.

Não é deslumbrante saber que a luz, viajando a 300.000 km/s, consome 100.000 para cruzar de um extremo ao outro da Via Látea? Não é poético saber que consumimos duzentos milhões de anos para dar apenas uma volta no carrossel imaginário que nos conduz em torno do centro da Via Láctea? Ou, apenas por que isso foi expresso em números e unidades de medida, não podemos exultar tais magnitudes com assombro? Devemos desprezar o entendimento do tempo aprisionado ao espaço – e vice-versa –, *em prol de qualquer afetação proustiana, contemplando, absortos, a 'beleza' suspeita de uma migalha de pão, ou cada nuance dos raios de sol depositados sobre uma fruteira sobre a mesa, o balançar das cortinas azuis?*

Mas, *cui bono? Por que não compreender 'a beleza por trás desta primeira camada de beleza'?* Por que não ir mais fundo? Por que a *'utilidade'* incomoda àqueles que também dependem de seus benfazejos produtos e frutos? Mesmo quando consideramos vidas solitárias e frugais, com amplo desprezo pecuniário, como no caso de Whitman e Thoreau. As sete edições de *'Leaves of Grass'*, além das publicações de *'Walden'* e *'Desobediência Civil'*, foram procedidas a partir da indústria gráfica, seus mecanismos, tecnologia e Ciência – *sem falar na propaganda e apologia de tais obras como meio de vida bucólico e desapegado, via* **Internet**. Estamos todos conectados.

Estes sóis, reconhecidos apenas como *'pixels'* no céu noturno, estão, por sua vez, cercados por planetas e planetoides, com suas atmosferas insondadas, turbulentas, ferozes, ou plácidas; compostas de gases diversos, dióxido de carbono, ácido sulfúrico, metano, ou mundos raros como o nosso, que permitam abrigar outras vidas, outras florestas e praias. Mundos incandescentes, inimagináveis, capazes de engolir nosso sistema planetário em um átimo de um átimo. Mundos tranquilos, passivos, sulcados por crateras, marcado por sombras, inóspitos, vulgares, mortos. Vulcões colossais, tormentas eternas, desertos intermináveis. Montanhas que multiplicam o Everest, cumes ainda mais gélidos, rios de lava irrefreáveis.

> *"[...] cada [mundo] com sua beleza exótica e ultraterrena, que se reduz a um simples ponto de luz." – Isaac Asimov (idem)*

Estes pontos de luz levaram homens ao ódio, homens à Guerra, ao amor pela verdade, experimentando a quintessência da dignidade: *a integridade intelectual*; quando, acorrentados a seus livros e fiéis aos seus princípios, arderam impávidos nas piras funerárias erigidas para conter a paixão pelo livre-pensamento. Conquistar estes mundos, compreendê-los, já foi e continua sendo mais valioso do que o aço, o ouro, o diamante. E a 'luz' desta compreensão brilha mais forte quando contrastada com a abjeta preferência masoquista à escuridão, enquanto trate de impedir que a luz penetre em suas vidas, expondo todos os matizes da poesia da realidade. A verdade insiste, resiste, persiste, penetra. A verdade não tem adjetivos.

Mas existem honoráveis exceções. Aqui está Fernando Pessoa (1888-1935), poeta e filósofo português:

> *Os Deuses são a encarnação do que nunca poderemos ser. O cansaço de todas as hipóteses.*

O poeta e filósofo argentino Jorge Luis Borges (1899-1986), aqui, iluminado como o dia:

> *O tempo é a substância da qual eu sou feito.*
> *O tempo é um rio que me carrega, mas eu sou o rio;*
> *É um tigre que me devora, mas eu sou o tigre;*
> *É um fogo que me consome, mas eu sou o fogo.*

Ou ainda:

> *Eu não posso andar pelos subúrbios na solidão da noite sem pensar que a noite nos agrada porque suprime detalhes inúteis, assim como a nossa memória faz.*

O Brasil tem as suas pérolas preciosas, como Mário Quintana (1906-1994):

> *O milagre não é dar vida ao corpo extinto,*
> *Ou luz ao cego, ou eloquência ao mudo*
> *Nem mudar água pura em vinho tinto*
> *Milagre é acreditarem nisso tudo!*

E o gigante Carlos Drummond de Andrade (1902-1987):

> *Tenho apenas duas mãos e o sentimento do mundo.*

W. H. Auden (1907-1973) foi o líder incontestante de sua geração de poetas, e um aparente entusiasta de Ciência. Mas não me convenço disso:

> *Os verdadeiros homens de ação de nosso tempo, aqueles que transformam o mundo, não são os políticos e os estadistas, e sim os cientistas. Infelizmente a poesia não pode celebrá-los, porque os seus feitos não dizem respeito a pessoas, mas a coisas, sendo assim silenciosos. Quando me*

vejo na companhia de cientistas, sinto-me como um cura malvestido que tivesse entrado por engano num salão cheio de duques. (The Dyer's Hand, Poet and the City; 1963)

Ironicamente, considero que a honraria sai pela culatra. O que Auden logra é distanciar a Ciência como uma entidade abstrata, corporativa, inumana. Com D.H. Lawrence – famoso pelo romance *O Amante de Lady Chatterley* – é bem diferente, e não espero grande coisa deste *poeta*; ele também condenava a Ciência, o *"conhecimento"*, por invadir seus sonhos infanto-juvenis:

> *O conhecimento matou o Sol, transformando-o numa bola de gás com manchas [...]. O mundo da razão e da ciência [...], esse é o mundo seco e estéril que a mente abstrata habita.*

E gostaria de entender o que Lawrence entende por *"mente abstrata"*; e sobre como ele classificaria suas assertivas simbólicas e animistas sobre o Sol - que é morto pelo intencionalismo de uma entidade que ele chama de *"conhecimento"*. O conhecimento mata, diz Lawrence - *mata ilusões, eu diria*.

Finalmente, e isso é ainda mais chocante, Lawrence denunciaria o *"conhecimento"* de forma geral por quebrar o seu encantamento sobre o que viria a ser o *"Sol"* - *"transformando-o numa bola de gás com manchas"*; o que me remete ao julgamento de Galileu e sua insistência em estabelecer a realidade de algumas manchas escuras, em desafio à herança idealista pitagórico-platônico-cristã.

Mas o mais grave é que Lawrence não percebe e não reflete sobre o processo contínuo em curso – e do qual ele é parte. O Sol orbitava a Terra, que, por sua vez, seria destronada, passando a orbitar o Sol, centro inconteste de um *"sistema planetário"* - já no século XV, e enquanto as *"esferas de cristal"* aristotélicas ainda estavam por lá; para que, no século XVI, fossem destronadas por Giordano Bruno, e daí sucessivamente, em um processo passional de amor pela verdade. O que expõe com clareza de detalhes o conservadorismo de Lawrence, o conservadorismo daqueles que pretendem a estabilização da realidade e a analgesia da busca por respostas.

O antropólogo americano Matt Cartmill resume o pensamento anismista-intencionalista de Lawrence, incorporado ao novo credo relativista-conspiracionista e *'fundamentalista'* em questão:

> *"Quem afirma ter conhecimento objetivo sobre alguma coisa está tentando controlar e dominar o restante dos homens [...]. Não há fatos objetivos. Todos os supostos 'fatos' estão contaminados por teorias, e todas as teorias estão infestadas de doutrinas morais e políticas [...]. Portanto, quando um sujeito metido num guarda-pó afirma que tal coisa é um fato objetivo [...], ele deve ter uma agenda política escondida na sua manga branca e engomada."* (revista Discover, "Oppressed by Evolution"; 1998)

Trata-se de uma recente e bizarra aliança entre fundamentalismos; de um lado a religião e de outro o posicionamento político de esquerda -

principalmente *'acadêmico'*. A religião vê os seus *'arco-íris'* desfeitos, enquanto a esquerda acadêmica vê os seus *gnomos e duendes* desacreditados pela Sociobiologia, pela Neurociência, pela Genética Comportamental e pela Ciência Histórica. Uma manifestação grotesca desta inesperada aliança é a sua oposição conjunta e ferrenha à Teoria da Evolução. Enquanto a oposição dos fundamentalistas religiosos é mais óbvia, a esquerda hostiliza as ciências em geral, em várias de suas agendas políticas, na forma de uma espécie de manifesto de *"respeito"* pelos mitos da criação tribais, seus folclores e hábitos culturais. Uma espécie de luta pelo direito de manter *'zoológicos culturais e sociológicos'*.

Neste quesito, estes curiosos parceiros compartilham o que chamam de *"preocupação com a dignidade humana"*, reverberando seu protesto contra o fato científico de que seres humanos fazem parte do reino animal e da natureza. Não somos os escolhidos, nem como diletas criaturas divinais, e nem como atores de um destino *'místico'* que atravessa uma odisseia de lutas históricas; nem étnicas, como pretendiam os nazistas e nem socioeconômicas, como pretendiam os bolcheviques. O problema aqui ainda é o *'arco-íris'*, e neste caso destronando não somente todos os deuses, mas destronando o homem, e maculando os tratados de esquerda daqueles que viam a si mesmos como semideuses ou quase lá.

Assisto na primeira fila a um fenômeno interessante, discorrido todos os dias nas redes sociais; ateus esquerdistas sentem-se muito confortáveis quando especulamos sobre o Universo, passando pela Cosmologia e pela Astrofísica; mas manifestam claramente o seu desconforto *'conservador'* quando enveredamos por outros caminhos do mesmo conhecimento e atitude científica - como a Biologia, a Neurociência e a Genética Comportamental. Neste ponto a disposição ao debate assume contornos de uma guerra fundamentalista, crente, quase religiosa.

Caracterizar a história do que se convencionou chamar de *"esquerda"* como *"progressista"* me embrulha o estômago; é quase como classificar o deus sumério-judaico-cristão-islâmico de *"um deus de amor"*. A primeira imagem do suposto *"progressismo da esquerda"* que me vem à mente é a *"revolução cultural maoísta"* - queimando livros; em seguida sou tomado pela visão grotesca de Lênin embalsamado como um deus egípcio, enquanto perco-me em considerações sobre a ideia de um *"partido único"*. Sem mais.

Asimov lança luz sobre a relativização da verdade pela relativização do erro:

"Quando as pessoas pensavam que a Terra era plana, estavam erradas. Quando as pessoas pensavam que a Terra era – 'exatamente' [grifo meu] - esférica, estavam erradas. Mas, se você

considera que 'pensar que a Terra é esférica é tão errado quanto pensar que a Terra é plana',
então a sua visão está mais errada do que as duas juntas." ('A Relatividade do Erro'; 1989)

Hoje endereçamos e testemunhamos a tão vilipendiada a verdade lendo a História do Universo através das linhas de Fraunhofer - as pistas deixadas pela realidade na forma de autênticos *'códigos de barras estelares'*. E o vislumbre do reino da luz nos permite conquistar o reino do som, diverso, mas igualmente intrigante e instigante. E daí para o reino da vida, padronizado nos códigos de barra do DNA, e guardando o segredo da Evolução, enquanto executa as receitas para a Biologia da Vida.

Curiosa e lamentavelmente, sabemos pela Neurociência e pela Biologia da Crença, que boa parte da humanidade caminha cega pelo medo, vendada por fantasias baratas vendidas por aqueles que temem o desvendar dos mistérios do arco-íris. Os poetas do arco-íris, supersticiosos, exaltados, deliciam-se com o mistério e sentem-se traídos com a verdade por trás de sua elucidação. Hamlet está sempre à mão, como uma bengala tateando no escuro:

"Há mais coisas no céu e na terra, Horácio,
Do que sonha a sua filosofia [ciência]."

Curiosamente, em sentido diametralmente inverso, tal versículo pode ser entendido como um convite ao desprezo de vãs filosofias em favor da atitude científica; mas nesse tempo a Filosofia incluía e abarcava a Ciência, sendo exatamente este erro que o Círculo de Viena tratou de corrigir, separando 'filosofias' e 'filosofias', crendices autoritárias de puro entendimento. E, sem perceber, desvendavam o mistério dos domínios e funcionalidades de nossos hemisférios cerebrais.

O que é mais importante, excitante, o problema ou a solução? O mistério ou a verdade por trás das sombras? Tive o prazer de conhecer pessoalmente o ultramaratonista do ciclismo, psicólogo, escritor (*'Por que as pessoas acreditam em coisas estranhas'*, *'Cérebro e Crença'*) e editor ('Skeptic Magazine') americano Michael Shermer. Ele conta que, em uma oportunidade, desmascarou *'ao vivo'* e bem diante das câmeras de televisão a um *"médium"* que enganava as pessoas alegando ser capaz de se *"comunicar com os mortos"*. Surpreendentemente – ou nem tanto, afinal quem frequenta plateias de programas de TV sensacionalistas? – o público se voltou contra Shermer, enfurecido por que ele havia *"arrancado a venda de seus olhos"*. A claridade da realidade parece ter afetado tanto uma senhora, que ela foi capaz de acusá-lo de *"comportamento inapropriado"* e de *"destruir a ilusão das pessoas"*. Mas, afinal, não é disso que se trata? Evitar que pessoas humildes e despreparadas sejam enganadas, conforme previsto em nosso Código Penal, por escroques *'esotéricos'*?

8. O céu de Ícaro tem mais poesia do que o de Galileu?

A razão é, e só pode ser, escrava das paixões; não pode pretender outros papéis senão servir e obedecer a elas.
David Hume

A velha noção de que o selvagem é o mais livre dos homens é o inverso da verdade. Ele é o escravo, não um mestre visível, mas do passado, e dos espíritos de seus antepassados mortos, que assombram seus passos desde o nascimento até a morte, regendo-o com uma barra de ferro. [...] Existem fortes indícios, para que consideremos que, na evolução do pensamento, a magia precedida religião.
Sir James George Frazer
('The Golden Bough -Sympathetic Magical'; c. 3; 1900)

O título deste capítulo faz alusão direta, embora na forma interrogativa, a um trecho afirmativo na letra da belíssima canção *'Tendo a Lua'* (*'Os Grãos'*; 1991), de autoria do compositor e músico brasileiro Herbert Vianna:

"O céu de Ícaro tem mais poesia que o de Galileu [...]"

Empenharei os meus esforços em demostrar que *o céu de Ícaro – definitivamente – não se compara em POESIA ao de Galileu*. O meu ponto vista é a beleza incomparável do endereçamento da verdade. Nada pode ser mais belo e nobre do que a cercania da verdade – como tratarei de demonstrar. Este é, portanto, o enunciado de minha ousada **poesia da realidade: a verdade é mais bela - sempre.**

Não existe nada de pessoal em minha retórica, e a citação de Herbert Vianna, a quem dedico este capítulo, é meramente fruto da oportunidade de puxar o fio de uma meada bem embolada pela civilização ao longo de alguns milênios. Herbert, a quem conheci pessoalmente e de passagem, é um de meus heróis como exemplo de ser humano – *troppo umano*.

A perspicácia intelectual de Shakespeare é assombrosa, assim como a elegância poética de Darwin e Huxley. A poesia é um meio e não um fim. A percepção da vida e o estilo poético de homens como Nietzsche, William James, Bertrand Russell, Hume, me surpreendem tanto quanto a sensibilidade *'científica'* de Pessoa, Drummond, Borges e Quintana. A poesia em movimento com Chaplin também é uma manifestação filosófica. Garcia Marques, Neruda, Jorge Amado, são, antes, pensadores - para só então serem poetas da realidade. E existe um fio condutor unindo Eco, Saramago, Flaubert, a

Einstein, Sagan e Hitchens: *a integridade intelectual*. Descrever um momento íntimo ou descrever um conceito universal, mergulhar no comportamento humano, ou em si, e compartilhar tais intentos, resume o ápice da experiência de *'ser humano'*.

Mas do que trata a tragédia de Ícaro? Na mitologia grega Ícaro é filho de Dédalo; que, por sua vez, e entre outras coisas, construiu o famoso Labirinto do qual escapou o herói Teseu após derrotar o Minotauro – em uma espécie de rodeio ou tourada mitológica -, e graças ao *fio de Ariadne*. A construção de Dédalo foi encomendada pelo rei Minos, um ingrato notório; que mais tarde se aborreceria com Dédalo, aprisionando-o em uma torre. Dédalo passou então a planejar a fuga de sua *'Cuba mitológica'*, apesar da severa vigilância do barbado Minos:

> *"Minos pode controlar a terra e o mar, mas não o ar. Tentarei este caminho."*

Ai estava o primeiro aspirante ao desenvolvimento da aviação. Contrariamente aos irmãos Wright e Santos Dumont, Dédalo nada conhecia sobre *Física* e *Aerodinâmica*; e muito tempo passaria até que o sonho humano de voar pudesse ser efetivamente concretizado. Mas ele era teimoso e não desistia com facilidade, passando imediatamente a confeccionar asas para si mesmo e para seu jovem filho - Ícaro. No melhor estilo carnavalesco, Dédalo concluiu o trabalho empregando penas, fios e cera. Reza a lenda que o trabalho ficou um *luuuuuuxo!*

Ícaro, seu filho, contemplava o serviço do pai correndo para apanhar as penas que o vento levava, ou ainda atrapalhando muito, brincando e se lambuzando com a cera. As asas afinal ficaram prontas, e o artista experimentou a fantasia fazendo pose para a posteridade. Ele equipou seu filho com o mesmo artefato de penas, ministrando-lhe um curso básico de voo a partir da observação dos pássaros e seus filhotes.

Chegou o grande dia, e Dédalo partiu para as últimas e derradeiras instruções:

> *"Ícaro, meu filho, aconselho-te que voes a uma altura moderada, pois se voares muito baixo, a umidade poderá emperrar as tuas asas e, se voares muito alto, o calor poderá derretê-las. Conserva-te perto de mim e estarás a salvo."*

Aqui preciso fazer duas ressalvas à *'poesia de Ícaro'*: primeiro, que estória é essa de *"a umidade poderá emperrar as tuas asas"*(?); depois, quanto mais alto Ícaro subisse mais frio ficaria – e não o contrário. A menos que estejamos nos referindo a *'realmente'* se aproximar do Sol; o que significaria que Ícaro voou para *caramba* - mais ou menos 100 milhões de quilômetros, e para estar a 50 milhões de quilômetros do Sol. O estilo prosaico é cabível neste caso, afinal estamos confrontando o *meme* milenar da herança idealista grega com o legado de Galileu. A infantilidade da *'poesia mitológica'* de Ícaro, suas consequências e inúmeras falhas, não me permitem curtir, sequer, como gênero ficção. E seguimos em tom trágico.

O pai dava os últimos retoques nas asas, e quando terminou de ajustá-las em seu filho tinha a face banhada em lágrimas, e suas mãos tremiam como se pressentisse o pior. Mas pudera, asas de pena e cera? Dédalo beijou seu filho sem saber que seria a última vez, e abrindo suas asas saiu voando e encorajando o garoto a segui-lo. Eles foram a atração da região, e a mitologia descreve a surpresa dos transeuntes, assustados, e acreditando que fossem *"deuses pássaros"*. A dupla passou *"batendo asas"* por *"Samos e Delos pela esquerda, e Lebintos pela direita"*; quando o menino, exultante em sua aventura, começou a abandonar a companhia do pai, para voar mais e mais alto, como se quisesse *"alcançar o céu"*. *"A proximidade do sol"*, diz a lenda, começou a amolecer a cera que colava as penas à fantasia, e o que se viu foi um menino depenado despencando no ar. A mitologia insiste em dizer que Ícaro continuou batendo os seus braços sem sair do lugar - como num filme do papa-léguas -, mas depois cairia em queda livre e vertiginosa. Vale lembrar aqui, no caso de ter realmente voado por 100 milhões de quilômetros, que ele jamais seria atraído para a Terra; e não restaria nada além de *fragmentos de Ícaro* para cair no mar.

E voltamos à lenda. Enquanto proferia gritos de socorro, o pobre menino travesso *"afundou nas águas azuis do mar"*. O seu pai, desesperado, iniciou imediatamente as buscas pelos *'destroços'* do filho:

"Ícaro, onde estás?" [um clássico/sic]

Finalmente viu as penas flutuando sobre as águas, e duvidou seriamente de seu talento como carnavalesco - *o que dirá como engenheiro aeroespacial (?)*. Dédalo conseguiu escapar e construiria um templo em agradecimento a Apolo - onde pendurou suas asas. A perda do filho não parece haver abalado a devoção de Dédalo pelo deus preferido.

Dédalo tornou-se tão orgulhoso de seus feitos que não podia suportar a ideia de possuir rivais. O seu sobrinho Perdiz era outro *'inventor'* em potencial, e Dédalo estava furioso com isso. Bastou uma caminhada pela praia para Perdiz inventar o serrote e a bússola. Dédalo ficou com tanta inveja do sobrinho e de suas virtudes, que aproveitando a oportunidade de estarem juntos no topo de uma torre muito alta, decidiu empurrá-lo - *'sem asas'* de nenhuma espécie – para morte certa.

Mas a deusa Minerva, *"protetora dos engenhosos"*, interferiu na queda, transformando o menino em um pássaro chamado *perdiz*. Por isso, esse pássaro *'temeroso de ser empurrado pelo tio'* [sic] não constrói os seus ninhos em árvores e nem voa tão alto, preferindo aninhar-se em cercas. Um curso de Biologia reduziria este tipo de poesia mitológica a pó.

É mole ou quer mais? Mas, e de volta à lucidez, temos aqui uma raridade, a morte de Ícaro contada - *'poética'* e tragicamente - por ninguém menos do que Charles Darwin – baseada em seus conhecimentos mitológicos:

> *"[...] com a cera derretendo e solta a fiação,*
> *Despencou o desgraçado Ícaro, com asas traiçoeiras;*
> *Através do ar horrendo,*
> *Com os membros torcidos e cabelos em desalinho,*
> *Sua plumagem, espalhada, boiou sobre a onda*
> *E, chorando, as nereidas decoraram sua sepultura aquática.*
> *Sobre o seu corpo pálido depuseram suas flores de pérolas marinhas*
> *E espalharam musgo vermelho no seu leito de mármore;*
> *E em suas torres de coral repicaram os sinos*
> *Que ecoaram, pelo oceano vasto, esse dobre."*

A tradição mitológica é somente mais um exemplo da tentativa desenfreada de nosso hemisfério esquerdo cerebral em utilizar a *Área de Broca* - também no hemisfério esquerdo -, ocupando assim o canal de comunicação - como tratarei de elucidar mais adiante. Especulo que, em nossos dias, a tendência a ter uma explicação para tudo, e que possa ser publicada, é moderada por um sem número de conceitos e fatos consolidados pelo acervo de conhecimento humano. De forma que a tendência inata a explicar tudo, mesmo quando não sabemos do que se trata, concorre seletivamente em nosso cérebro com o conhecimento disponível. Sendo assim, aquilo que *'sabemos como'* vence e é publicado; caso contrário, e quando não *'sabemos como'*, passaremos a publicar o que *'sabemos que'*, ou o que *acreditamos ser* - em função de nossos medos, crenças e interesses políticos de ocasião. Este comportamento individual seria então projetado sobre a cultura, e seu endosso público por meio de grupos de identidade e agremiações passariam a conjurar crenças e crendices ainda mais arraigadas, e que realimentariam a crença individual em um ciclo que só poderia ser interrompido pelo *'conhecimento'* – *e a necessária abertura ao conhecimento.*

Sobre Ícaro, agrego apenas que estamos diante de mais um jovem que ignorou as instruções de seu pai. O final trágico de Ícaro e sua imprudência em lançar-se – pasmem – contra o Sol, não me parecem nem um pouco poético. A tragédia grega, apesar da importância do registro histórico e literário, não pode resistir, em beleza, ao confronto com o conhecimento da realidade. Segundo o poeta grego Eurípedes, o personagem de Hércules se dirige para Teseu, em um momento de rara lucidez na Mitologia Grega, e diz:

"Não acredito que os deuses se induljam em relações profanas; e para pôr vínculos nas mãos,
eu nunca pensei ser digno de crença, nem serei agora tão persuadido, não mais acreditarei que
um só deus seja dono e senhor de outro. Para a divindade, se realmente ela é uma divindade,
não há desejos; isso não passa de miseráveis contos escritos por poetas." ('Héracles'; 1340)

O céu de Ícaro é o céu dos mitos e da tragédia. As *asas da liberdade* voaram, verdadeiramente, com Galileu. Quando viramos as costas à verdade, à Ciência, estamos desprezando as asas da liberdade, que nos permitem fugir, não de torres, monstros, *minotauros*, mas do Labirinto erigido pela herança idealista da perfeição pitagórico-platônico-aristotélica-cristã.

O céu do físico e astrônomo italiano Galileu Galilei (1564-1642) é aquele.

"[...] no qual o cientista, com telescópios e satélites, observa o espetáculo das leis da física que
regem o destino igualmente trágico do universo, cujo parto de si mesmo – conjuntamente com
o nascimento do espaço e do tempo – se dá em uma explosão cujos rastros conseguimos estudar
por meio de seu 'ruído' tênue remanescente [...], da formação dos primeiros núcleos atômicos e
da alteração da luz emitida pelas galáxias à medida que elas se afastam de nós [...]."- João
Torres de Mello Neto

A trajetória de Galileu é apaixonada, corajosa, e igualmente trágica; o céu de Galileu começou a ser descortinado há cerca de 500 anos, quando Galileu conheceu as belezas do céu de outro astrônomo, o dinamarquês Tycho Brahe (1546-161). Brahe, ao observar a explosão de uma supernova na constelação de Cassiopeia, nos daria *asas* para que nos libertássemos da prisão da imutabilidade do céu aristotélico-cristão. Brahe, por sua vez, olhou para o céu de Copérnico, que admirou o céu de Aristarco, e em seu leito de morte entregaria as chaves desse céu a Kepler:

"Ne frustra vixisse videar! [Não me deixe parecer ter vivido em vão."

Poético, belo, real. Agora, Johannes Kepler (1571-1630), poderia concluir o seu próprio trabalho erguido sobre os ombros de Copérnico e Brahe; tornando o céu dos amantes muito mais interessante e belo, embora mais complexo do que jamais sonhamos. Mas este céu seria real - enfim.

Galileu, por sua vez, melhorou significativamente o telescópio refrator – mas não o inventou - e com ele descobriu as manchas solares que tanto melindraram a alegoria poética da *"perfeição"* de D.H. Lawrence, assim como despertaram a atenção da vigilante Inquisição deflagrada pelo Santo Ofício. Galileu pôde pousar os seus admirados olhos nas montanhas da Lua, sobre as fases de Vênus, nos quatro dos satélites de Júpiter, nos anéis de Saturno, e viajou à Via Láctea pela primeira vez. Seus feitos são comparáveis aos de um apaixonado e aventureiro explorador.

Apontando o seu rudimentar telescópio para Júpiter e descobrindo o movimento elíptico de seus muitos satélites, Galileu abalou os fundamentos do Cosmos aristotélico-ptolomaico-cristão, profundamente cristalizado na Idade Média. O céu de Galileu era sim tormentoso, catastrófico, violento, poderoso; onde as Leis da Física, regentes absolutistas da Natureza, são desafiadas ao extremo de suas manifestações. Estrelas que ensejam a luta feroz entre a *autogravitação* que insiste em aprisioná-las e as reações termonucleares em seu interior impulsionando sua desmedida expansão.

Desse vigoroso espetáculo flui a radiação que ilumina as nossas chances de vida. Sabemos, pelo céu de Galileu, que rodopiamos na periferia da Via Láctea, em torno de um buraco negro que equivale em massa a 3,7 milhões de sóis. O que um poeta realmente sensível não faria diante deste cenário?

Quando Galileu convidou os "*sábios*" de seu tempo para uma espiadinha em seu telescópio, eles se recusaram. Ele ficou apoplético de tanta frustração:

"Quando quis mostrar os satélites de Júpiter aos professores de Florença, eles não quiseram ver nada, nem o telescópio. Essas pessoas acreditam que não existe verdade a ser procurada na natureza, mas apenas na comparação de textos."

Primeiro, e por razões *evolutivas*, aderimos às crenças - de forma torpe e emocional; e só depois trataremos de encontrar argumentos *'aparentemente'* racionais para assentar tais crenças, ou trataremos de dissimular sua irracionalidade por meio de evidentes subterfúgios, ou até mesmo partindo para a agressividade defensiva. É por isso que pessoas inteligentes também defendem coisas absurdas. Somos, pois, maravilhosamente imperfeitos.

Quando Galileu escrevia o seu legado, os oceanos eram perigosos e vastos, e o grande desafio em navegar residia em conhecer a sua posição na vastidão do mar. Saber onde se está é imperativo quando pretendemos chegar a qualquer destino em mar aberto; também precisávamos evitar rochas, icebergs, etc. Os marujos descobriam onde estavam, na vastidão dos oceanos, por meio dos ângulos formados entre a Lua e as estrelas – na vastidão do céu - , e comparando os seus dados com os mapas celestes muito imprecisos. Naquela época a navegação celestial e a consequente precisão faziam a diferença entre a vida e a morte. Sobreviver em mar aberto era como tirar a sorte grande.

Os navegadores ajustavam seus dados posicionais continuamente, esperando chegar onde pretendiam: aos braços da mulher amada, ou a tempo de participar de um levante de independência. Mas um homem transformaria para sempre a navegação lendo os céus dinâmicos de Galileu: o astrônomo do rei da Inglaterra, John Flamsteed (1646-1719). O quadrante mural de Flamsteed – assim como os modernos telescópios e o Hubble - mudaria a navegação celeste e a nossa compreensão do Universo para sempre. A superstição dava lugar mais uma vez à Ciência. O Universo revelaria que não existem espaços para dogmas e autoridades eternas, desvelando sutilmente a elegância de suas leis às mentes mais lúcidas, ávidas e obstinadas. A humanidade arrombava as portas da prisão das trevas medievais, irrompendo em paixão e luta por dias melhores. Descobrimos os organismos unicelulares e os segredos do coração pulsante; estudamos a Gravidade e confirmamos que a Terra girava em torno do Sol.

Por 14 meses, Flamsteed pelejou na construção de seu *'Quadrante Mural'* - um telescópio acoplado a um sistema de engrenagens que media com maior precisão o ângulo ou a posição das estrelas no céu; o rei havia investido no projeto, mas o dinheiro havia acabado, e Flamsteed já havia consumido todas as suas economias na realização de seu sonho. Mas ele não desistiria, e nada seria capaz de demovê-lo de sua luta; mapas celestes 15 vezes mais precisos foram então possíveis, servindo à humanidade, e poupando recursos e vidas. Esse seria o 'GPS' de sua época. E os mapas de nosso herói seriam atualizados para levar o homem à Lua; um feito que ele jamais poderia haver almejado, nem em suas mais vicejantes aventuras poéticas.

O capitão James Cook é conhecido como *"o maior explorador de todos os tempos"*. Cook viajou guiado pelos mapas de Flamsteed e através do céu de Galileu, cujas estrelas refletiram seu brilho nos mares que desbravou. Isso quando 1/3 do mundo nos era categoricamente desconhecido. Em três viagens Cook preencheria este vazio eliminando mais uma vez a superstição reinante sobre regiões desconhecidas e, portanto, misteriosas; apagando do mapa e de nosso imaginário Dragões e Édens, e mapeando uma realidade muito mais excitante. Os poetas desde então já não poderiam imaginar donzelas sendo atacadas por dragões, mas uma nova temática nascia: *o destemor*.

A bordo do Endevor havia 74 tripulantes vivendo em um convém com 1,2 de altura, em uma época em que todos os marinheiros morriam prematuramente de doenças. Eles atravessaram um oceano desconhecido que cobria um terço do planeta, o Pacífico; e após 20 meses no mar, Cook e sua tripulação encontraram um continente novo e misterioso: a Austrália.

O céu de Flamsteed é o céu de Galileu... o céu dos aventureiros e imigrantes, o céu das cartas de amor que singraram os mares, e sopraram as velas das naus de sua esperança com a força de suas paixões. O céu de Galileu é o céu de Tennyson.

"Venham, amigos.
Não é tarde para procurar um mundo novo,
Pois eu existo para velejar além do pôr-do-sol.
E apesar de hoje não dispormos da força,
Que nos velhos tempos, movia a terra e os céus,

O que somos, somos.
Um temperamento de corações heroicos,
Enfraquecido pelo tempo e o destino,
Mas com grande força de vontade.
Para perseverar, persistir, encontrar e não hesitar."
- Alfred 'Lord' Tennyson

Este seria um bom *'Juramento do Cientista'*. Mas o jovem que enaltece Thoreau – .

"Fui à floresta, porque queria viver profundamente
E sugar a essência da vida!
Eliminar tudo o que não era vida.
E não, ao morrer, descobrir, que eu não vivi."
- Henry David Thoreau

. – no Facebook, fazendo uso de toda a sorte de tecnologias disponíveis, e gozando da chance de permanecer vivo por muito mais tempo que o poeta e seus antepassados - por força das benesses promovidas pela Ciência Médica moderna... não pode vilipendiar a paixão de homens que dedicaram suas vidas para que ele pudesse dar publicidade ao que *'diz' acreditar*. Pois então, e sem demora, façam como Thoreau: sejam coerentes!

Thoreau certamente seria outro prato feito para estudos neuropsicológicos, mantendo-se eternamente insatisfeito com a vida em sociedade, enquanto criticava o modo de viver de todos - o que entra em desacordo com a nossa *'natureza'* sabidamente sociável. Este tipo de desajuste patológico, bastante sintomático no caso do poeta, normalmente aponta para os Lobos Temporais, e mais precisamente para a região *infratemporal*, em associação com distúrbios na região *ventromedial* do Lobo Frontal - mas tal aprofundamento não é objeto deste livro.

Platão, em *'Fedro'*, registra para a posteridade a seguinte questão retórica:

"Na boa oratória, não é necessário que a mente do orador conheça bem o assunto sobre o qual ele vai discorrer?"

Thoreau responde mostrando que não dispunha de uma boa biblioteca perto de sua 'choupana':

"Não sei onde encontrar na literatura, antiga ou moderna, uma descrição adequada da natureza com a qual estou acostumado. A mitologia é o que mais se aproxima."

Thoreau definitivamente vivia em um mundo mágico, já que não entendeu patavinas sobre a natureza. Em 1845, aos 27 anos, passou a viver como um eremita e isolado em uma floresta; construiu um casebre às margens do lago Walden, em um terreno pertencente a Ralph Waldo Emerson. Ele passou apuros similares ao homem do neolítico tentando ser agricultor, mas não dispensava o uso de sua gravata borboleta e seu terno – mesmo que, à época, em desalinho.

Thoreau também trabalhou como tutor dos filhos de Emerson, e participou ativamente de seu grupo *'místico'*: o *transcendentalismo* - baseado na herança idealista pitagórico-platônica, como já era de se esperar. Emerson, Fuller, Alcott, entres outros transcendentalistas, acreditavam piamente na possibilidade de um *"estado espiritual ideal transcende"*, *"metafísico"* – ou além da realidade física e empírica -, *"alcançado apenas pela intuição pessoal"*. Em sua devoção e opinião a Natureza é *"o sinal exterior de espírito interior"*, expressando a *"correspondência radical das coisas visíveis e pensamentos humanos"* (como Emerson escreveria na *'Nature'* em 1836).

Eles não empenharam o mesmo esforço dedicado às suas concepções mágicas para realmente entender a natureza, o ser humano, a matéria, e as forças físicas que regem o Universo. Logo, não surpreende que tantos fenômenos básicos lhes parecessem escapar à alçada da Física – portanto, *"metafísicos"* – e da Ciência. Antes deste período, porém, Thoreau estudou em Harvard; recusando, no entanto, carreiras clássicas como o direito, a *teologia* ou a medicina. Esta última carreira poderia haver contribuído em salvar seu irmão, morto por tétano quando se cortou durante o singelo ato de se barbear.

Ele questionou o pagamento de impostos, mas trafegou em estradas construídas com estes recursos, frequentou escolas, utilizou materiais, e participou de atos da vida mundana e civilizada, permitidos pelo esforço coletivo amalgamado pelo recolhimento de impostos. Mas, obviamente, o apelo dramático em abolir uma obrigação que incomoda a todos é um *slogan* de muito sucesso – embora incoerente e injusto. Esta é a síntese do *'bom selvagem' rousseauliano* - quando endeusamos a vida primitiva sem vivê-la.

Diferentemente de Rousseau, que jamais sujou os seus sapatos com terra, Thoreau embrenhou-se na mata virgem – mas sem desprezar o traje completo da civilidade. E não custa nada rememorar esta pérola de Sir James Frazer:

> *"A velha noção de que o selvagem é o mais livre dos homens é o inverso da verdade. Ele é o escravo, não um mestre visível, mas do passado, e dos espíritos de seus antepassados mortos, que assombram seus passos desde o nascimento até a morte, regendo-o com uma barra de ferro."*

Thoreau viveu sem amores, sem filhos, SEM VIDA – quando visto de minha perspectiva HUMANA. Não posso considerar o solipsismo de seu experimento como adequado à minha vida, e nem à sua, e nem à humanidade. Thoreau não conheceu a Neurociência, nem a Genética, ou a Etologia; e, portanto, não posso culpá-lo por não conhecer muito sobre sua própria condição. Não vejo nada de heroico em morrer aos 45 anos de tuberculose – mesmo sendo esta uma *causa mortis* frequente em sua época. E não vejo nada de poético em não ser capaz de compartilhar experiências com outros humanos, praticando algum tipo empatia com os nossos irmãos em espécie.

Segundo suas próprias palavras, ele foi morar na floresta porque queria *"viver deliberadamente"*, e sem se importar com quem quer que fosse. Isso não é possível quando temos filhos, amores e uma família para cuidar. Ele queria se *"defrontar apenas com os fatos essenciais da existência, em vez de descobrir, à hora da morte, que não tinha vivido"*; mas presumo que não tenha de fato vivido, considerando – e mais uma vez – a inegável predisposição humana à socialização.

Em seu período na floresta, ele pretendia *"expulsar o que não fosse vida"*, conseguindo, de fato, evitar a própria vida – em face da acepção humana e poética da conceituação de viver. Poética sim, porque a maioria esmagadora dos poetas que viveram para registrar suas experiências dedicaram seus versos ao amor, ao convívio com amantes, filhos e amigos. Nada contra a dita *"poesia morta"*, a descrição *proustiana* detalhada de vasos com ou sem flores, fruteiras com ou sem frutas, sobre uma mesa atingida por uma rajada de luz; mas 'compartilhar' experiências com outros humanos é uma marca dos terráqueos.

Então, de que estamos tratando de fato? Estamos considerando que existem atividades intelectuais mais saudáveis e pujantes do que outras! O ponto fulcral desta discussão é que precisamos primeiro nos tornar cientes de algo, que então poderá ser comunicado de forma simples e descritiva, ou de forma poética, trágica ou cômica - dependendo de nossa personalidade e ramo de atividade. Mas, não bastarão arroubos poéticos se o que temos a dizer amontoa inverdades e besteiras; se o que estamos a comunicar é a nossa *não-ciência* das coisas, baseados apenas em teimosia, vaidade, exibicionismo e narcisismo. Podemos, é claro, não saber que não sabemos, mas isso não agrega nenhum valor ou mérito à qualquer intento descritivo, e o contrário, só acentua sua condição lamentável; ou a constatação de que precisamos aprender antes de ocupar palanques!

A sensibilidade poética enriquece a comunicação de algo que sabemos, do qual estamos cientes, percebendo a sutileza de certas analogias e metáforas, e estimulando a imaginação, e evocando imagens que ultrapassem as necessidades da simples compreensão do fato. Mas existem boas e más analogias e metáforas, e bons e maus poetas. A poesia pode versar sobre algo tão íntimo, que o 'saber que' pode parecer o bastante; mas posso assegurar, pela compreensão da aventura de ser humano, que existem muitas mais possibilidades poéticas quando também nos preocupamos em 'saber como' as coisas são.

> *"Dourar o ouro polido, pintar o lírio,*
> *Aspergir perfume sobre uma violeta,*
> *Alisar o gelo, ou somar outro matiz*
> *Ao arco-íris, ou com luz de lamparina*
> *Buscar enfeitar a bela visão do céu,*
> *É um excesso ridículo e perdulário."*
> - William Shakespeare ('Rei João'; Ato IV, Cena II)

A compreensão científica não pode, ao contrário do que pensa Keats, prejudicar a poesia; e espero haver demonstrado com sobras este ponto. Afinal a própria concepção de Keats sobre o que viria a ser o Sol já trazia implícita uma mensagem científica, que quebrava o encanto do passado *geocentrado*. Pensem nisso!

%keats citar

Mas se o conhecimento e a verdade não podem interferir na poesia, e, ao contrário, a instigam e promovem, a linguagem equivocada e que evoca imagens igualmente equivocadas, a poesia ruim, incompetente, deselegante, insensível, esta sim tem o poder de despistar o entendimento, proferindo jargões pseudocientíficos, contra-científicos, ou acientíficos.

O poeta e escritor inglês Samuel Taylor Coleridge (1772-1834) foi uma rara exceção em seu tempo, entendendo a força da descoberta de Newton, que refulgia a descoberta de Descartes:

> *"Assim, mais uma vez, a Cor e a Gravitação sob o poder da Luz, o Amarelo sendo o Polo positivo, o Azul o negativo, e o Vermelho a culminação ou Equador; enquanto o Som, por outro lado, é a Luz sob o poder e a supremacia da Gravitação."*

Espetacular! Mas Coleridge jamais seria um pós-modernista. A considerar pela quantidade irrefreável de asneiras erigidas em nome de tal *'movimento'* - como essa, citada por Dawkins em *'Desvendando o Arco-Íris'* (2011):

> *"A distinção figura/terra predominante em Gavity's Rainbow é também evidente em Vineland, embora num sentido mais independente. Derrida usa o termo 'teoria cultural subsemiótica' para denotar o papel do leitor como poeta. Assim, o tema é contextualizado numa teoria capitalista pós-cultural que inclui a língua como paradoxo."*

Dawkins ressalta ainda que:

> *"Os jogos de palavras sem sentido dos savants francófonos em moda, denunciados magnificamente em Intellectual Impostures (1998) de Alan Sokal e Jean Bricmont, parecem não ter outras função senão impressionar os crédulos."*

A verborragia, a excessiva indulgência com as alegorias, o uso de *"símbolos nebulosos da alta fantasia"* – para citar Keats -, o flagrante uso de falácias retóricas, a infusão de analogias causais equivocadas ou mal-intencionadas, a inversão de valores, e – de forma geral - a má poesia utilizada com finalidade política ou autopromocional, tem o poder de engendrar confusão, desorientar, e conduzir a mal-entendidos.

O eminente antropólogo escocês, Sir James Frazer (1854-1941), em sua magistral obra *'The Golden Bough/ O Ramo de Ouro'* (1922), chama a atenção para a importante categoria de ritos culturais que exercem sedutor fascínio sobre os homens - ao que chamou de magia homeopática ou imitativa. *'Homeopática'*, no sentido do simplismo do raciocínio homeopático – ou, *'se isso faz mal, então o mínimo disso fará bem'*. onde a *imitação* pode variar do literal ao simbólico.

> *"O segundo princípio da magia: as coisas que uma vez estiveram em contato umas com os outras continuam a agir sobre reciprocamente à distância mesmo após o contato físico ser cortado."*

O povo *dyak* de Sarawak, na ilha de Bornéu, comiam as mãos e os joelhos de suas vítimas com o objetivo de dar maior firmeza às suas próprias mãos e joelhos. E o que isso tem a ver com o pato? Trata-se de um equivoco *'poético'* deste povo, e de seu arcabouço de crenas e ritos; da mesma forma que alguns acreditam que comer a carne de cobras e serpentes potencializa a ereção masculina.

> *"Existem fortes indícios, para que consideremos que, na evolução do pensamento, a magia precedida religião."* – James Frazer

Os astecas do México acreditavam que consagrando o pão os sacerdotes poderiam transformá-lo *'literalmente'* no corpo de seu deus; assim, comendo o pão estariam em comunhão simbólica ou *"mística"* com a divindade. A *"transubstanciação"* também era praticada pelo povo ariano da antiga Índia, muito antes do nascimento do cristianismo. Ao que Frazer generaliza a questão:

> *"É agora fácil compreender por que um selvagem deseja comer a carne de um animal ou homem que ele considera divino. Ao comer o corpo do deus, ele participa dos atributos do deus e, quando se trata de um deus do vinho, o sumo do fruto é o seu sangue; e assim, comendo o pão e bebendo o vinho, o devoto toma o verdadeiro corpo e sangue de seu deus. Portanto, beber vinho nos ritos de um deus do vinho como Dioniso não é um ato de folia, é um sacramento solene."*

Isso não é mais do que lirismo poético. *Qualquer rito cerimonial simbólico está baseado em analogias e metáforas poéticas sobre algo que representa algo.* E existem bons e maus exemplos alegóricos, seja na poesia ritual, seja na poesia escrita. Tragicamente, o chifre pulverizado do rinoceronte é considerado afrodisíaco na África. Não existe nenhuma razão para alimentar tal crença, a não ser o desconhecimento e a aparente semelhança do chifre com um pênis ereto. Entre o povo *dieri* da Austrália central, os sagrados mágicos *fazedores de chuva*, avatares de seus deuses ancestrais, conduziam uma cerimônia grotesca e dolorosa, onde homens arremetiam com suas cabeças contra as paredes de uma cabana, até que esta ficasse completamente destruída. O pingando representava a chuva desejada. Como plano B, caso a chuva não viesse, o Grande Conselho dos *dieri* mantinha uma reserva de prepúcios de meninos, em função de sua analogia 'homeopática', afinal os pênis não "chovem" urina?

Outra questão que pode deixar de ser considerada, já que estamos falando em crendices diversas, mais ou menos poéticas, é a importante questão do "bode expiatório". O termo deriva do rito judaico, envolvia um bode 'mágico', que tem o poder de escolher uma vítima que será "encarnada" com a carga de todos os pecados e desgraças daquele povo. O infeliz, ou o bode expiatório, é então expulso ou assassinado. O que isso tem a ver com a Ciência? Deixo a seu critério imaginar.

Entre os *Garos* de Assam, Himalaia Oriental, um macaco *langur* - ou na falta deste, um rato-do-bambu – costumava ser capturado e levado a cada casa da aldeia para absorver os maus espíritos, para finalmente ser crucificado sobre um cadafalso de bambu. Nas palavras de Frazer:

> "[o macaco] é o bode expiatório público que, por seus sofrimentos e morte vicários, livra o povo de todas as doenças e desgraças no ano seguinte."

Quase todas as culturas possuem o seu bode expiatório; em muitos casos a infeliz vítima é humana, sendo frequentemente identificada com alguma divindade. Daí a noção simbólica de utilizar a água para "lavar" os pecados. Em uma tribo primitiva da Nova Zelândia, nos conta Frazer:

> "[...] realizava-se o culto em torno de um indivíduo, pelo qual se supunha que todos os pecados da tribo lhe eram transferidos; uma haste de samambaia era previamente atada à sua pessoa, e com essa haste ele pulava dentro do rio, e ali, desamarrando-a, deixava que a samambaia flutuasse para o mar, carregando junto todos os pecados."

Muitas vezes o ritual precisava ser repetido. O rajá de Manipur costuma lavar os seus pecados, banhando-se em uma plataforma, embaixo da qual um bode expiatório humano recebia toda a carga eliminada, além de enorme aversão por parte de seu povo. A água do batismo lava os pecados. O próprio mito de Jesus não passa de um bode expiatório sincrético de ritos anteriores à sua invenção.

"[Religião] a enorme condescendência da posteridade." - Edward Palmer Thompson

A condescendência poética para com as culturas ditas primitivas não merece a minha admiração. Imaginem que o modelo da dupla-hélice do DNA fosse um dia refutado; então, a Ciência, ao invés de revisar seus escritos, absorvendo o novo conhecimento ou iniciando novas investigações, negaria o simbolismo literal do modelo para sugerir uma relação simbólica, transcendente ou – que tal (?) – poética!

A beleza da Ciência, e esta é a sua poesia, reside no respeito pela realidade e no amor pela verdade. Parafraseando o filósofo espanhol Ventós, devo dizer que *quem defende com argumentos de ocasião aquilo que diz praticar por princípio, não acredita de fato nem em seus argumentos e nem em seus princípios.*

O Brasil, ou melhor, um brasileiro, ou seria mais correto dizer um *'ex-brasileiro'*, foi agraciado com o Prêmio Nobel de Medicina e Fisiologia em 1960 – por pesquisas sobre o sistema imunológico. O biólogo – hoje – britânico, Peter Brian Medawar (1915-1987) nasceu em Petrópolis, em 28 de fevereiro de 1915, mas morreu em Londres, em 2 de outubro de 1987.

Com a Segunda Grande Guerra e o salto tecnológico da indústria de armamentos, os horrores foram sentidos no aumento alarmante de vítimas com queimaduras graves. Com a descoberta da penicilina, em 1928, por Alexander Fleming - Nobel em 1945 - os antibióticos passaram à linha de frente no combate às infecções, e *aliviando o sofrimento humano*; Medawar trabalhou como fiel escudeiro de Fleming, tendo um papel decisivo em seu trabalho.

A perda da nacionalidade brasileira decorreu de uma intransigência do então ministro da Guerra, General Eurico Gaspar Dutra, em função do serviço militar obrigatório. Medawar serviria melhor à humanidade em Oxford onde cursou zoologia; dedicando-se à questão dos enxertos de pele. Medawar foi um grande homem, outro gigante da humanidade, exímio pensador e escritor – e *ex-brasileiro.*

Neste contexto, Medawar deixa o seu recado 'poético':

"Só os seres humanos orientam o seu comportamento por um conhecimento do que aconteceu antes do seu nascimento e por uma percepção do que pode acontecer depois da sua morte; assim, apenas os humanos descobrem o seu caminho por uma LUZ – grifo meu – que ilumina mais do que o terreno em que se encontram." ('The Life Science'; 1977)

E nada melhor do que investigar as nossas origens e demandas evolutivas para conhecer, por nosso de nosso passado como espécie, o presente de nossa humanidade; por meio da Neurociência, este 'presente' evolutivo será investigado, o nosso comportamento melhor entendido, lançando poderosa LUZ sobre as probabilidades de nosso futuro. Erwin Schrodinger (1887-1961), um dos pais da Mecânica Quântica, Prêmio Nobel em 1933, assim descreveria esta missão:

"Quem somos nós? A resposta a esta pergunta não é apenas uma das missões, mas 'a' missão da Ciência"

E esta nobre tarefa é levada a cabo por homens notavelmente íntegros e lúcidos – porquanto criativos e poéticos; conforme enuncia o vigoroso e genial físico Richard Feynman (1918-1988) - ganhador do Nobel em 1965, sendo um dos pioneiros na Eletrodinâmica Quântica:

"Um princípio de pensamento científico corresponde a uma espécie de honestidade incondicional."

Essa é a essência da atitude científica. Esta é a essência da POESIA da REALIDADE. Esta honestidade incondicional - ou ética -, que permeia o ceticismo científico – e não confundam com 'cinismo' -, confronta a vacuidade poética das crenças e das vãs ilusões, às quais estamos expostos pela evolução neuropsicológica. E não podemos – sob nenhum pretexto - utilizar a falibilidade assumida – posto ser um processo contínuo, e não dogmático - da Ciência como desculpa para torná-la um bode expiatório. Uma verdade científica tem um perímetro de validade, e um universo de aplicações definido, e será sempre revisada, sendo esta a sua maior fortaleza - e não o contrário.

O aguerrido físico americano, Lawrence Krauss, autor da demarcatória obra 'Um Universo Que Veio do Nada' – que será revisitada mais adiante -, tem alguma coisa para denotar:

"[Na religião] a excitação está em saber de tudo sem saber de nada."

Esta justa correção estava clamando para ser escrita há tempos, e não poderia deixar passar a oportunidade, exatamente quando encaro o oportunismo de sentar sobre e diante da Ciência para achincalhá-la. Sinto-me indignado, e diariamente, com o sórdido ataque deflagrado pela cegueira idealista à poesia da Ciência. Manuel Bandeira (1886-1968) bem expressou a questão:

"Mas que céu pode satisfazer teu sonho de céu?"

A canção dos *'Paralamas'* é quase profética, afinal os destinos de Herbert e Ícaro foram unidos em tragédia pela ousadia de voar. A letra diz ainda:

"Querendo ver o mais distante e sem saber voar,
Desprezando as asas que você me deu."

Em 2001, o ultraleve pilotado por Herbert caiu no mar próximo da cidade de Angra dos Reis, após a tentativa de executar um *"looping"*; o acidente vitimou Lucy, sua amada e companheira no sonho de voar, e deixando o compositor paraplégico. Herbert não desprezou as asas que lhe foram dadas pela Ciência para voar, e reconhecia os riscos técnicos de seu intento, além dos riscos envolvidos na poesia e na aventura de pretender ver mais longe, e ver do alto. O personagem de Ícaro não conhecia os riscos, e a sua façanha durou pouco – apesar de toda a fantasia envolvida.

Em 2006, um padre na diocese de Paranaguá decidiu reviver o voo de Ícaro, desta vez amarrado a balões contendo de gás hélio. Adelir Antônio de Carli ambicionava bater o recorde de permanência no ar para esta *'imbecil'* modalidade. O descaso de Adelir com os riscos técnicos envolvidos em sua aventura foram tantos que, no último contato do padre via celular e por satélite, ele solicitava ajuda para operar o GPS e aproveitava para avisar que a bateria de seu celular estava acabando; o seu corpo foi encontrado no mar no dia 3 de Julho de 2008.

O épico de Ícaro seduz àqueles que romantizam a realidade, enquanto, nas redes sociais, o *'épico'* de Adelir foi cunhado de absurdo, louco, demente, *'crente'*: *"que padre burro!"*. O que difere Ícaro de Adelir? Ambos morreram no mar pretendendo voar; Ícaro era jovem, desafiador, Adelir deveria ter pensado com adulto. A diferença esta no *'conhecimento'*. Ícaro não existiu, mas em nossos dias ele teria roubado toda a atenção de Adelir nas redes sócias, e certamente ganhado o título de homem mais burro e mentiroso dos céus.

Eu devo contestar tal juízo imaginário, afinal, bem contextualizados os feitos, Adelir foi muito mais estúpido; dispunha da tecnologia de GPS, de diferentes tipos de materiais para assegurar que os balões não falhassem, poderia ter levado baterias sobressalentes para o celular, boias de material ultra leve e resistente, além de outros dispositivos que pudessem mantê-lo vivo - apesar da decisão arriscada de voar com balões. Mas Adelir podia contar com *'deus'*, não é verdade? Ou não? Apolo também falhou no caso de Ícaro.

No dia 16 de Agosto de 1960, Joseph William Kittinger II realizaria o sonho poético de todo homem se aventura a voar e *'ver mais longe'* – e dessa vez muito mais longe. Kittinger realizou o feito com requintes de dramaticidade e tragédia jamais sonhados por Herbert, Ícaro ou Adelir. Kittinger ousou saltar de um balão de hélio a uma altitude aterrorizante de 31.300 metros, permanecendo em queda livre por 4 minutos e 36 segundos e alcançando a velocidade máxima de 988 km/h antes de preservar sua vida abrindo o paraquedas a cerca de 5.500 de altitude. Joseph bateu os recordes para maior altitude alcançada por um balão, maior altitude de um salto de paraquedas, maior queda livre e maior velocidade atingida por um homem através da atmosfera. Toda essa avassaladora adrenalina, durou um total de 13 minutos e 45 segundos, enquanto Kittinger esteve exposto a temperaturas de até -70 graus Celsius. Por tratar-se de um salto com fins militares não foi contabilizado pelo *Guiness Book of Records* – onde consta que Eugene Andreev, da antiga USSR, detém o recorde oficial, com uma queda livre de 24.500 metros, tendo saltado de uma altitude de 25.458 metros, e só abrindo seu paraquedas a 958 metros do solo. É mole?

Todos estes homens poetizaram sobre voar, todos viveram a aventura de desafiar a condição humana terrestre, todos quiseram ver mais longe, ver do alto, ou estar onde ninguém esteve. Mas alguns destes homens morreram em seu intento, enquanto outros desfrutaram do almejado prazer e permaneceram vivos para compartilhar a emoção de sua façanha; eles estão diferenciados, sobretudo, pela correta análise de risco, e pelas providencias tomadas para que a aventura não terminasse em tragédia. E não posso aceitar que a 'poesia' de uns tenha menor valor que a poesia de outros, somente porque conjuraram a força de seu intelecto.

Fernando Pessoa parece concordar comigo:

> *A maioria pensa com a sensibilidade, eu sinto com o pensamento. Para o homem vulgar, sentir é viver e pensar é saber viver. Para mim, pensar é viver e sentir não é mais que o alimento de pensar.*

O céu de Galileu desafiou forças e dogmas eclesiásticos comparados ao terrível *Minotauro* de Teseu. O seu feito remonta ao trabalho de outros *'poetas'* da realidade como Aristarco de Samos, Copérnico, Tycho Braher, Kepler, entre outros; e inspiraria os feitos de Hubble, Sagan, Hawkings, entre outros mais. E que me perdoem os românticos mitológicos, mas este sim é um verdadeiro épico: *A Cosmologia Moderna*. Somente aqueles que não entendem a força da luta podem preferir as tragédias gregas. Não existe, pois, nada mais belo do que a verdade. Esta é a beleza suprema – e sustentável.

> *"'Beleza é verdade, verdade é beleza' - isto é tudo o que conheceis sobre a Terra, e é tudo o que precisais conhecer." – John Keats ('Ode on a Grecian Urn'; 1819)*

Pagar o elevado peso do entendimento e praticar a generosidade de sua elucidação pública, contribuindo em endereçar a verdade, por mais tênue que possam ser os seus contornos, talvez figure entre as mais nobres manifestações *'artísticas'* do intelecto humano – certamente a mais útil, e provavelmente a mais bela. Acentuando que *'tudo' vem do intelecto humano.*

Todos, em última análise, somos comandados por nossas emoções; e todos, irremediavelmente, estamos fadados ao designo genético de procriar. Cada pessoa está delineada em sua personalidade por um conjunto autônomo de estratégias, e uma parte importante deste *'arsenal'* são os ditos *'sentimentos'.* Os sentimentos, e principalmente no caso do *'sentimentalismo'*, é, antes de tudo, uma estratégia evolucionária. De forma que a exuberância poética de uns, em detrimento da simplicidade ou timidez de outros, não passa de uma ação involuntária. Por isso digo que podemos celebrar a diversidade, e pronto; mas não podemos estabelecer um juízo de valores relacionados com a visão trágica de uns contra a objetividade de outros. O livre-arbítrio é só uma falácia idealista e mais um discurso trágico – ou poético, se preferir - desinformado.

Nas sábias palavras do neuroanatomista Santiago Ramón y Cajal (1852-1934):

"Enquanto o cérebro for um mistério o universo será também um mistério."

Cajal compartilhou o Nobel em 1906 com Camillo Golgi (1843-1926), pelo exercício de sua assombrosa – e por que não dizer poética - intuição sobre o que hoje conhecemos como a *'doutrina do neurônio'* - comprovada quase um século mais tarde com novas descobertas genéticas e neurofisiológicas. O espanhol abriria um novo portal para o que chamamos de *'Neurociência Moderna'.* Os seus desenhos, intuindo sobre as redes neurais e a anatomia cerebral humana, são maravilhosas obras de arte. Então, maravilhe-se!

9. *Scientificat*

> "*Quando as pessoas pensavam que a Terra era plana, estavam erradas. Quando as pessoas pensavam que a Terra era – 'exatamente' [grifo meu] - esférica, estavam erradas. Mas, se você considera que 'pensar que a Terra é esférica é tão errado quanto pensar que a Terra é plana', então a sua visão está mais errada do que as duas juntas.*"
>
> **Isaac Asimov**
> ('A Relatividade do Erro'; 1989)

> "*É mais frequente que a confiança seja gerada pela ignorância do que pelo conhecimento: são os que conhecem pouco, e não os que conhecem muito, os que afirmam tão categoricamente que este ou aquele problema nunca será resolvido pela ciência.*"
>
> **Charles Darwin**
> ('The Descent of Man' – Introdução; 1871)

Mas existem verdades? Existe uma verdade absoluta? A primeira questão é objeto de trabalho da Ciência, a segunda parte de pressupostos fechados e dogmas religiosos; mas podemos sim afirmar que existem verdades, existem asserções verdadeiras, assim como proposições mais corretas do que outras, e gradações de erro. E sabemos disso com ainda mais segurança depois de Tarski, Russell, Frege, Popper, Sagan e Asimov.

O filósofo e matemático alemão Friedrich Frege (1848-1925) escreveria – abrindo os trabalhos:

"*Entendo por pensamento não o ato subjetivo de pensar, mas o seu conteúdo objetivo.*"

Um pensamento é um processamento neural; mas aqui, e para todos os efeitos, será por meio da linguagem que trataremos de manifestar o seu conteúdo ou 'objeto'. A linguagem é inata, hoje sabemos - embora dependa de *imprinting* -, a escrita não. O filósofo e matemático polonês Alfred Tarski (1901-1983) solucionaria o problema da correspondência entre uma proposição formulada pela linguística e a realidade; e o fez de forma surpreendentemente simples, intuitivamente satisfatória, e irrefutável.

Tarski focou na formulação semântica de proposições:

"*A sentença (T) é verdadeira se, e somente se, o que ela diz é verdade.*"

Onde 'T' seria a Convenção de Tarski. Imagine que você e eu estamos contemplando uma bela *cadeira vermelha*, estilo Luis XV - exatamente como esta bem ao lado da lareira em nossa sala; *a proposição "Esta cadeira é vermelha" será verdadeira se e somente se "esta cadeira" for vermelha.* Isso parece justo, e óbvio! Ou não? Então qual seria a contribuição de Tarski?

A sacada de Tarski foi eliminar *'nebulosidades'* semânticas, preocupando-se em formular, de maneira objetiva, sentenças e proposições, e evitando truques, verbosidades e falácias retóricas. Para isso ele lançou mão dos conceitos de *"objeto" ou conteúdo, "verdade" ou veracidade, "metalinguagem", "metalinguagem semântica" e "linguagem-objeto".* Por exemplo: se tomamos o português como *metalinguagem* e o inglês como *linguagem-objeto* e o seguinte objeto *"the dog is sleeping",* poderemos formular a seguinte sentença em nossa *metalinguagem semântica: 'a proposição do inglês (linguagem-objeto) "the dog is sleeping" (objeto) corresponde aos fatos (é verdadeira) se, e somente se, o cachorro está dormindo'.*

A *verdade* começa com uma formulação semântica adequada e que permita honestamente a sua comprovação ou refutação. O que está vago e mal definido não pode ser confrontado com a realidade. E se existe uma *metalinguagem* na qual podemos apresentar *proposições,* descrever *fatos,* então também será possível, e de forma trivial, estabelecer a correspondência entre *fatos* e *proposições* - endereçando assim a verdade ou a veracidade de sentenças e argumentos. Isso, e bastando alguma honestidade retórica e integridade intelectual, nos leva à atitude científica. Nas inesquecíveis palavras de Richard Feynman:

> *"Um princípio de pensamento científico corresponde a uma espécie de honestidade incondicional [...]."*

A Convenção de Tarski (T) pode ser então formalmente descrita como:

(T) 'X' é verdadeiro se, e só se, 'p';
onde 'p' é o predicado que pretendemos validar
para a sentença 'X'

O exemplo utilizando uma linguagem-objeto em inglês serviu para conter eventuais arroubos relativistas mais básicos, *inter-linguísticos,* ou ainda *interculturais.* Vale repetir que a construção linguística é inata, e em milhares de dialetos e diferentes linguagens em todos os tempos e lugares, sempre estiveram presentes as figuras do sujeito, verbo – ou ação -, substantivo e predicado. O vocabulário e as regras gramaticais serão aprendidas.

Observem ainda que o predicado *"[...] corresponde aos fatos"* ou *"[...] é verdade"* está protegido pela metalinguagem; não importando se algum dialeto por ventura venha a evitar esta *'vital'* caracterização. Sendo assim *"[...]"* ou *"X"* poderá ser definido nos termos de qualquer linguagem-objeto; então, enfoquemo-nos na verdade, e utilizando como linguagem-objeto a nossa própria língua vernácula: o *'português'*. E neste ponto, com o auxilio de Popper, podemos entender por focamos em proposições *verdadeiras* ou *positivas* quando estamos tratando de Ciência:

"De uma classe (ou um sistema) de proposições, que são todas verdadeiras, nenhuma proposição falsa pode ser assumida." - Idem

Enquanto os postulados religiosos ou *"espirituais"* dormem em berço esplendido, percebam o cuidado em estabelecer 'verdades' ou 'veracidade'! Isso implica que, embora *deus* seja um bolso cada vez mais vazio, e enquanto reduzimos o oceano de ignorância que nos cerca, ainda assim não poderemos - por *Petitio principii* - descartar a existência de deuses ou do *"unicórnio cor-de-rosa"*.

"De teorias (sistemas de proposições) que concordem com os fatos, não se pode derivar nenhuma proposição lógica que não concorde com os fatos." - Idem

Esta importante regra, que de fato perfaz uma atitude ética, explica por que em Ciência efetivamos proposições *positivas buscando a veracidade* ou *verdades* - e não proposições negativas. *"A Terra descreve uma orbita fechada – ou captiva - em torno do Sol"* é uma proposição científica; mas *"não existem gnomos empurrando a Terra"* não é – *por mais que saibamos ser uma proposição lúcida.* Podemos invalidar ou provar a falsidade de uma proposição positiva. Por exemplo, *"a Terra é plana e está assentada sobre colunas"* é uma proposição científica, e também é inteiramente falsa; mas *"a Terra não é verde"* não nos leva a lugar algum.

Claro que existe o *'fato'* da vida finita, de forma que *o fator 'tempo a perder' está sempre em jogo, assim como a questão: 'Cui bono?'.* Ou seja, não podemos, cientificamente, e em princípio, negar a existência de Tupã; mas podemos considerar a busca pela sua existência uma tremenda idiotice quando confrontamos a mais absoluta falta de evidências, além do flagrante conflito com proposições já demonstradas como: *"culturas primitivas praticaram o animismo"*, ou *"culturas primitivas desconhecedoras do ciclo da chuva cortaram gargantas e fizeram danças rituais para que chovesse"*. E daí a escolha é sua!

A Teoria da Verdade como Correspondência nos assegura que *um pensamento pode ser considerado verdadeiro se a proposição que formula este pensamento é verdadeira.* Proposições gerais ou universais devem ser encaradas como fundamentalmente hipotéticas, mesmo que possam ser verdadeiras. E por isso é tão importante o caráter científico de *'reduzir seus problemas'* e *'limitar suas proposições'*, já que buscamos o *acercamento* e o endereçamento da verdade. Assim evitamos o efeito contrário da generalização apressada, débil, preconceituosa, autoritária. Começando humildemente poderemos construir proposições verdadeiras de grosso calibre - com no caso do Modelo Padrão.

A Metodologia Científica é um sério e consequente conjunto de recomendações, ao que Gleiser jamais poderia haver chamado de *'cientismo'*. O que é isso? E cientistas não passam de homens neuropsicologicamente curiosos, obstinados, talvez ousados, e certamente sem temores conservadores. Homens buscando a verdade e falhando em encontrá-la – mas inexoravelmente atidos a ela. E falhando podemos aprender, e recomeçar; o que parecia ser uma potencial falsificação da teoria newtoniana da gravidade, no caso da orbita calculada para Urano, nos levou ao descobrimento de Netuno.

Mas voltemos à verdade, voltemos à minha *cadeira vermelha*, afinal você pode estar esperando para me desbancar. Então temos a seguinte proposição - devidamente formatada -, uma questão semântica que pode ser submetida ao escrutínio da ciência:

"Esta cadeira é vermelha" é uma proposição verdadeira se, e somente se, esta cadeira é vermelha.

Mas como podemos assegurar que o vermelho que você vê é o mesmo que eu vejo? E como podemos definir o que é ou não vermelho? Simples: imagine você que, providencialmente, eu trago comigo um espectrofotômetro; um daqueles aparelhos que medem a frequência dentro do espectro eletromagnético, podendo exprimir a cor em um número *'objetivo'* em comprimento de onda ou frequência - não importando que sejamos *daltônicos* ou portadores de *icterícia*.

Uma psicóloga amiga, neste ponto, interpelou: *mas cálculos matemáticos são exatos?* Devo dizer que 'sim' - *lato sensu*; mas entendo o ponto de vista dela - *stricto sensu*. Ela, vocês, e Gleiser, estão interessados no *'erro'* referente a esta medição; afinal este é um equipamento desenvolvido por físicos e engenheiros para medir o espectro da luz visível.

[um equipamento vendido pela Internet, e que apresenta um valor objetivo em um display LCD, com uma precisão de 0,15 DE, levando apenas alguns segundos para calcular o resultado]

Diante de situações cotidianas como esta, me preocupo em entender como um *'experimento'* tão trivial suscita tanta contestação e controvérsia. Qualquer crendice, qualquer afirmação descabida, tem maior respeito, autoridade, e aceitação, do que o conhecimento objetivo de fenômenos naturais. Será o sistema educacional? Será a relativização filosófica? Serão tendências neuropsicológicas? Ou a conjunção sistêmica de todos estes fatores? Certamente não se trata de um problema relativo às *"limitações da ciência"* – como afirma Gleiser em sua mais recente obra *'A Ilha do Conhecimento'* (2014. Outras limitações e outras fronteiras estão em jogo – todas elas devidamente estudadas pela Neurociência.

Consideremos algumas variantes do *'Paradoxo do Mentiroso'*, sendo a mais antiga que se tem notícia a versão de Eubulides de Mileto - sucessor de Euclides de Mégara, ainda no século VI AEC:

> *"Um homem diz que ele está mentindo. O que ele diz é verdadeiro ou falso?"*

Ainda no século VI, o paradoxo também foi assignado a Epimênides *'de Creta'*, que teria dito:

> *"Todos os cretenses são mentirosos."*

São Jerônimo teria aplicado o conceito a David, quando afirma nos salmos bíblicos que:

> *"[...] Todos os homens são mentirosos."* - *Salmos [116:11]*

Um truque lógico, com uma confissão moral. Teofrasto, sucessor de Aristóteles, escreveria três rolos de papiro sobre este paradoxo, e Crisipo mais seis. Todo este trabalho, e toda esta perda de tempo silogística seriam enterrados pelas areias do tempo. *A seguinte antinomia prova que um argumento pode parecer lógico embora seja falso – e por vezes, como é o caso, ridículo:*

> *"Esta frase não é verdade."*

Verdadeiro ou falso? Logicamente astuto e moralmente pouco recomendável ou desonesto. Tarski salientou que o truque fundamental do Paradoxo do Mentiroso reside no uso de uma linguagem semanticamente *'fechada'* ou *'negativa'* – conforme já foi explicado. Por isso *'provar a inexistência'* constitui um absurdo lógico. Mas devemos fundar pelo menos mais duas ressalvas. Quando Sagan diz:

> *"A ausência da evidência não significa evidência da ausência."*

Faço a seguinte ressalva, ampliando: *a ausência de provas não é prova da ausência, e muito menos da existência.* Os argumentos contra a existência de *'propósitos morais'* para o universo são vastos e fortes. E não existem argumentos em favor de *'propósitos morais religiosos'* que não tenham sido invocados por meio de mentiras, fraudes, falácias retóricas e engodos semânticos. Nenhuma comprovação, nenhuma pista, nada! Por que devemos considerar religiões – qualquer uma – como um domínio de conhecimento?

O Universo e a Vida estão desenhados pela aleatoriedade e pela *involuntariedade*, quer gostem ou não. Podemos inventar opiniões, mas não poderemos inventar os fatos. Não impunemente! E sem provas, fatos, ou evidências, não existe - de fato - conhecimento.

"O que pode ser afirmado sem provas também pode ser rejeitado sem provas." – Christopher Hitchens

Eu também ampliaria dizendo que: *o que é afirmado sem provas pode e DEVE ser rejeitado*. Finalmente:

"Quem nada sabe em tudo crê." – Jan Neruda

Isso opõe Ciência e religião, e não as nivelas - nunca. Contemple e observe o Universo como ele realmente é, e maravilhe-se com isso; e ensinemos aos nossos filhos a encarar suas próprias fronteiras, sem *'verdades absolutas'*, nem mentiras politicamente corretas, ou *"alívios"* que obliterem a LUCIDEZ. Considere a aterrorizante possibilidade de que um ser humano, saudável por natureza, possa estar privado de vivenciar a realidade. Considere a possibilidade do desperdício desta vida? *'Deus'* é um argumento *'autocontraditório'*, embora pareça tranquilizador, mas não nos liberta como humanos plenos. Nas célebres palavras de Cornelius Tácitus:

"Tranquilitas non Libertas."

Ao que eu modestamente agregaria:

Tranquilitas non Veritas.

Quando nos curvamos à autoridade ou nos entregamos ao mero solipsismo sem a submeter as nossas proposições ao exame de sua pertinência, estaremos potencializando problemas de toda sorte nas mais diversas áreas. Algumas disciplinas estão fundadas sobre falácias, e vivem da autoridade e da idolatria, impulsionadas pelo historicismo - como a filosofia social e política (sociologia), religiosa (teologia), ou de relações humanas (psicologia). Considere o mago da autoajuda ou o filosofo da psicologia que declara professoral: *"você deve procurar sua cara-metade, a metade da laranja, a tampa da panela"*. Muita frustração pode emergir da adesão tácita a este tipo de *'crença'*.

Como se processa o comportamento humano? Como nos atraímos e nos relacionamos? Existe apenas uma pessoa ou um tipo de pessoas esperando para cada um? Ou a vida é uma miríade de possibilidades? De forma que, se este é o caso, não haverão ajustes perfeitos; mas apenas relações potencialmente mais bem adaptadas do que outras. Isso pode representar a diferença entre a frustração e a motivação em sua vida; e, como em muitos casos escritos pela história, a começar pelo exemplo literário de 'Romeu e Julieta', pode ser fatal. Tudo deve, em princípio, estar sujeito a alguma reflexão intelectiva. Por que não? E questões complexas demandam respostas complexas. Se não estamos desesperados para crer, podemos então *esperar para saber*.

Diferentes modalidades de fascismos pipocaram nas mãos de líderes carismáticos, messiânicos ao totalitários; unidos em torno de uma identidade nacional, estatal, racial ou religiosa, e mobilizados de forma submissa à luta derradeira com alguma entidade metafísica, demônios diversos, judeus, judeus, judeus, capitalistas, etc. Esta é a sina historicista, com origem na lateralização de nossos hemisférios cerebrais.

Sabemos ainda, pelo entendimento do comportamento humano, que algumas mentes estão mais aptas do que outras a encontrar padrões e ordem em meio ao caos. Algumas mentes estarão ainda destinadas a seguir e idolatrar líderes, enquanto algumas fantasiaram doentiamente sobre a realidade. Alguns líderes estarão destinados à iluminação, enquanto outros pretenderão, pela nevoa espessa e pela escuridão, um reinado de medo. Alguns estarão fadados à generosidade e a solidariedade, enquanto outros praticarão o mais sórdido egoísmo, através de controle rígido e totalitário. O narcisismo, a pulsão de vida e a procriação darão o tom, mas estamos bem distantes da savana africana, e dispondo do mesmo aparato neural.

Vale notar que o dito racionalismo e a dita sensibilidade não são faculdades mutuamente exclusivas, e ao contrário; onde ambas são controladas pela 'emoção', por hormônios, neurotransmissores; faculdades aparentemente independentes, mas que interagem e até colidem em nosso cérebro, estampando nossa natureza em nosso comportamento. Mas uma pessoa emocional não significa necessariamente que será irracional, e vice-versa. O sentimento é outra estória, é a verbalização da sensação emocional pura; e, portanto, estará impregnado pela linguagem, pela cultura, e por nossos estratagemas políticos. Daí a confusão.

Existem ainda pessoas 'sentimentalistas', ou seja, que usam o sentimento alegando emoção, como linguagem, e em detrimento de medidas mais racionais ou efetivas. Mas isso é um estratagema. Daí a tal "espiritualidade"! A emoção é bioquímica, é involuntária, é real, física, e comanda as nossas vidas - sempre. O hipocampo, responsável por selecionar e copiar trechos de nossa memória de curto prazo sobre nossa memória de longo prazo, trabalha acossado pela emoção - ou limitado pela falta dela. O racionalismo é uma capacidade genética, neural e bioquímica, e que não anula a emoção; sendo, inclusive, deflagrado por ela.

Gleiser pede desculpas esfarrapadas enquanto *'ilha e menospreza a atitude científica'* em sua página 14:

> *"Essa visão não tem nada de anticientífica ou derrotista. Também não se trata de uma proposta para que sucumbamos ao obscurantismo religioso."*

Mas depois, ainda no início de seu Prólogo, inverte a linha retórica citando capciosamente a velha falácia da *"espiritualidade"* ou *"religiosidade"* de Einstein. Ao que respondo com Einstein:

> *"Somos todos ignorantes, mas não sobre as mesmas coisas"* - Albert Einstein

Gleiser, que estudou Física na Pontifícia Universidade Católica do Rio, tendo sido inspirado – segundo ele - pelo que chama de *"sentimento cósmico religioso"* de Einstein. Mas precisamos acabar de uma vez por todas com estas insensatas alusões a algum tipo de religiosidade em Einstein.

Um ano antes de morrer, Einstein escreveria de próprio punho uma carta ao filósofo judeu Eric Gutkind, e datada de 3 de janeiro de 1954; expressando com clareza ácida e *"cavaleira"* – *abandonando o seu habitual cavalheirismo* - a sua visão sobre religiões e deuses. Aquela que ficou conhecida como *"A Carta de Deus"*, teve a sua legitimidade comprovada e estava guardada em seu envelope original com o carimbo e selo de Princeton, Nova Jersey, Estados Unidos. O documento foi leiloado no *eBay*, e recebendo apenas dois lances, sendo arrematado por um comprador anônimo pela bagatela de 3 milhões de dólares.

A carta era uma resposta mal-humorada do físico ao livro publicado por Gutkind, *'Choose Life: The Biblical Call to Revolt'* [*'Escolha a Vida: A Chamada Bíblica à Revolta'*], no qual o 'filósofo' sustenta a ideologia do *"povo escolhido"*, ao afirmar que os judeus representam um povo de *"alma incorruptível"*:

> *"A alma do povo judeu nunca foi uma alma de massas. A alma de Israel não poderia ser hipnotizada; nunca sucumbiu a ataques hipnóticos [...]. A alma de Israel é incorruptível [...]."*

Einstein não concordava com isso - e ao contrário. A tradução é minha, afinal circulam por aí traduções que acirram as palavras de Einstein, normalmente propagadas por militantes ateístas – ao que devo objetar, mesmo sendo ateu, por questões éticas e *'científicas'*. A carta original e sua legítima tradução é mais do que suficiente para estampar a verdade sobre a suposta *"espiritualidade"* de Einstein:

"Princeton, 3 de janeiro de 1954

Prezado Mr. Gutkind!

Inspirado pela insistente recomendação de Brouwer tenho lido muito o seu livro nos últimos dias, e agradeço por enviá-lo a mim. O que mais me impressionou foi isto. No que diz respeito à atitude hodierna em relação à vida e a sociedade humana, somos muito parecidos: um ideal além do pessoal que se esforça para a liberdade em relação aos desejos egoístas, se esforça para tornar a existência mais bela e rica, com ênfase no puramente humano, onde coisas inanimadas são vistas apenas como um meio, e onde nenhum papel de relevo deve ser concedido. (É esta atitude em particular que nos une como genuína 'atitude anti-americana')

Ainda assim, se não pelo estímulo de Brouwer, eu nunca teria aprofundado a leitura de seu livro, já que está escrito em uma linguagem que é inacessível para mim. Para mim, a palavra Deus não é nada mais que a expressão e produto da fraqueza humana, a Bíblia uma coleção de lendas honradas, mas ainda assim extremamente primitivas. Nenhuma interpretação, mesmo que sutil, pode mudar isso (para mim). Essas interpretações espiritualizadas são, por sua natureza, extensamente recopiadas e nada guardam do texto original. Para mim, a religião judaica [mesmo] não adulterada, assim como todas as demais religiões, é uma encarnação da superstição primitiva. E o povo judeu, a quem de bom grado pertenço e em cuja mentalidade estou profundamente enraizado, para mim, não possui nenhuma distinção de dignidade em relação a outros povos. Em minha experiência, eles também não são melhores do que outros grupos humanos, embora sejam protegidos de seus piores excessos pela falta de poder. Caso contrário, eu não conseguiria discernir nada como 'escolhido' em relação a eles.

Em geral, considero particularmente doloroso quando você reivindica uma posição privilegiada e tenta defendê-la por duas muralhas de orgulho; uma externa como ser humano, e uma interna como judeu. Como ser humano você reclama o direito de, até certo ponto, dispensar uma causalidade que, por outro lado, é aceita; como um judeu reclama o privilégio ao monoteísmo. Mas a causalidade limitada não passa de causalidade, de qualquer forma, e o nosso maravilhoso Spinoza foi o primeiro a reconhecer isso incisivamente. E a concepção animista da natureza por parte das religiões não pode ser, por uma questão de princípios, anulada por sua mera monopolização. Tais muros só nos conduzirão ao autoengano; mas os nossos esforços morais não avançam por força disso. E ao contrário.

Agora que bem expressei abertamente as nossas diferenças de ordem intelectual, ainda é claro para mim que estamos muito próximos um do outro no que é essencial, ou seja, nas nossas avaliações sobre a conduta humana. O que nos separa é apenas enfeite intelectual ou 'racionalização', em linguagem freudiana. Portanto, acho que nos daríamos muito bem ao discutir questões concretas.

Atenciosamente, A. Einstein"

Einstein padeceu, em parte, de seu estilo diplomático. Houvesse sido mais claro, embora esta não fosse a sua natureza neuropsicológica, ele teria atraído menos mal-entendidos – e talvez angariados mais desafetos. Por outro lado, aqui, e a exemplo de Sagan em *'Um Mundo Assombrado Por Demônios'*, *ele perde as estribeiras.*

Uma falácia retórica nomotética é tentada quando nomeamos a mesma coisa com outro nome, e como artifício para chegar a algum final obscuro impedindo a franca conversação. A tal *"espiritualidade"* de Einstein não chega nem a este estágio, mas o poeta Fernando Pessoa encontraria uma maneira toda própria, e científica, para desbancar esta frágil disposição:

Mas se Deus é as árvores e as flores
E os montes e o luar e o sol,
Para que lhe chamo eu Deus?
Chamo-lhe flores e árvores e montes e sol e luar;
Porque, se ele se fez, para eu o ver,
Sol e luar e flores e árvores e montes,
Se ele me aparece como sendo árvores e montes
E luar e sol e flores,
É que ele quer que eu o conheça
Como árvores e montes e flores e luar e sol.
- Alberto Caeiro, heterônimo de Fernando Pessoa (O Guardador de Rebanhos; 1925)

Estupendo! A carta histórica e demarcatória de Einstein dificilmente é citada na íntegra, prevalecendo apenas seus *melhores momentos*. Mas aqui existem sobras de preciosidade, e vou enumerá-las: primeiramente, está claro que Einstein não contesta apenas uma religião ou deus *"pessoal"*. Einstein diz claramente - e não importam as traduções: *"[...] a religião judaica"*, *"assim como todas as demais religiões"*, *é uma encarnação da superstição primitiva"* - de forma generalizada. Einstein está questionando *"todas as religiões"* como a manifestação inconteste de *"superstições primitivas"*; e reclama da linguagem nebulosa, etérea e *"espiritualizada"* de *"Mr. Gutkind"*.

Einstein ainda deixaria uma última lição a Gleiser, quando afirma que a crença religiosa ou *"espiritual"* tem sim origem em profundos e primitivos vieses neurais ou na *"concepção animista da natureza"*; resultado inequívoco de nossa evolução sempre inacabada, que segue em leno e continuo curso. Não podemos refutar este FATO, nem pela sofisticação da *'embalagem'* da mensagem, nem com seus ares *'científicos'*, ou mesmo buscando o *"caminho do meio"* - uma conhecida debilidade intelectiva e uma notória falácia retórica.

Quando uma polarização irrompe, não será necessariamente pelo *"caminho do meio"* que chegaremos a bons termos. *'Matemos os judeus! Não, não matemos os judeus! Bom, então matemos apenas a metade! Pensemos livremente, comprovemos os nossos achados! Não, submetamo-nos; não necessitamos comprovar nada senão crer! Bom, submetamo-nos apenas em parte, o caminho do meio: pensando com liberdade a maior parte do tempo e submetendo-nos a crendices infundadas quando ingressamos em templos ou em papos de botequim!*

Se pudermos proteger os nossos fóruns, hospitais, escolas e governos, da crendice autoritária, não vejo tantos problemas em que as pessoas cultuem seus rituais folclóricos em terreiros, altares ou mesas giratórias. Mas este fenômeno será descrito pela neurociência como natural, uma debilidade natural, sem nenhum tipo de endeusamento ou significado superior – e ao contrário.

Os *"Quatro Cavaleiros do Apocalipse"*, citados por Gleiser, estão corretos sobre tratar *"a crença religiosa como uma espécie de ilusão ou de delírio, uma forma de loucura coletiva que vem causando caos pelo mundo afora desde os primórdios da civilização"* - ao que Gleiser chama de *"ateísmo radical"*. Segundo ele, o grupo faz uso de uma *"retórica extremamente agressiva, tão inflamada e intolerante quanto o fundamentalismo religioso que se propõe a combater"*. Ora, ora, é absolutamente falsa a alegação de *"retórica extremamente agressiva"*.

Este grupo genial composto por Hitchens, Harris, Dennett e Dawkins - e ressoando o pensamento de homens como Darwin, Huxley, Feynman, Sagan, Russell, Galileu, Hubble, etc. -, sempre manteve o decoro em seus debates e livros. O que Gleiser está chamando de *"retórica inflamada e intolerante"* não passa de um discurso direto, respeitoso, e dentro das possibilidades de quem está denunciando abusos, crimes, autoritarismo, entre outros males. Já é incrível quando um homem medianamente instruído pactua com qualquer sorte de devaneio religioso, e invocando livros sagrados como fonte de moralidade, mas o que dizer de um homem esclarecido como Gleiser?

O físico americano Neil deGrasse observa que a maior parte da Academia de Ciências não crê em deuses e no sobrenatural, mas o que mais lhe chama a atenção é por que existem cientistas que acreditam em deuses e no sobrenatural? Por conta de nossa complexa neuropsicologia - respondo. Homens inteligentes abraçam causas absurdas porque primeiro aderem emocionalmente a bandeiras e crenças, para só então tratar de justificá-las com argumentos aparentemente racionais. Como no caso de Gleiser! É óbvio que uma argumentação do tipo *"panos quentes"* é bem mais popular e populista do que uma posição bem definida, e que discorda da maioria - e este é o caso aqui.

O que Gleiser chama de *"retórica extremamente agressiva"* não existe, e nunca existiu. Mas existem posições claras, diretas, e homens mais polidos como William James, Hume, ou mais sarcásticos, como Russell, Dennett, e mais virulentos, como Huxley, Hitchens, e como Sagan e Einstein o foram no final de suas vidas. Mas o fundamentalismo religioso sim está baseado em uma literatura de terror, morte, sectarismo, racismo, sexismo, etc. Estes são fatos!

Não podemos resolver 'oposições diametrais' apenas com um *"caminho do meio"*. Precisamos entender as posições, estabelecer algum tipo juízo, escolher um lado, ou construir uma saída. Considero, como Einstein, que as religiões – todas elas - partem do animismo, do intencionalismo, da hipnose, do efeito rebanho, da idolatria, de falsos positivos, de problemas relativos ao entendimento dos fenômenos causais e probabilísticos, enfim, da Biologia da Crença.

Escolho pensar sobre isso, e escolho o único método seguro que conheço para proceder tal investigação: a Ciência. E, assim como Einstein, suspeito de qualquer tipo de iniciativa fora deste caminho - principalmente sua oposição: a dita *"espiritualidade"*. Longe de pressupor o abandono de nossas faculdades intelectivas em favor de qualquer sorte de concessão ao devaneio *"espiritualista"*, devo propor exatamente o contrário: o seu pleno entendimento. A mensagem negativa de Gleiser, sobre os limites do conhecimento, não se presta senão ao desserviço público.

Em 22 de Março, também em 54, Einstein receberia outra carta, desta vez escrita por Joseph Dispentiere, um imigrante italiano, operário, ateu, que se declarava decepcionado com as notícias sobre a sua *"suposta religiosidade"*. O físico respondeu em 24 de Março 1954, que:

> *"Foi, é claro, uma mentira o que você leu sobre minhas convicções religiosas, uma mentira que está sendo sistematicamente repetida. Eu não acredito em um Deus pessoal e nunca neguei isso, mas expressei de forma clara. Se há algo em mim que pode ser chamado de religioso, então, seria a admiração ilimitada pela estrutura do mundo tanto quanto a nossa ciência possa revelar."*

Isso significa, claramente, que os limites da admiração que muitos chamam de *"religiosa"* em Einstein refere-se tão e somente à Ciência, ou *"tanto quanto a nossa ciência possa revelar"*. Chamar a isso de *"espiritualidade"* é mais do que um gesto desesperado que pretende provar um ponto de vista absurdo. é desonesto e cretino. Em *'Ideas And Opinions'*, Einstein ampliou e esclareceu o seu ponto de vista:

> *"A pesquisa científica pode reduzir a superstição, incentivando as pessoas a pensar e ver as coisas em termos de causa e efeito."*

E não o contrário. Einstein clama por *"cientismo"*:

> *"A Ciência não é nada mais do que o refinamento do pensamento cotidiano."*

Enquanto Gleiser, mais uma vez, deixa transparecer onde reside a sua ignorância:

> *"A ciência moderna removeu o velho dualismo cartesiano entre matéria e alma em favor de um materialismo: o teatro da existência se dá no cérebro [...]. Entendemos pouco de como esta coreografia neuronal nos engendra com um senso único de ser."* – Marcelo Gleiser ('A Ilha do Conhecimento'; 2014)

Belas palavras, parco conhecimento neurocientífico, falsa proposição. Esta é uma fronteira do conhecimento sobre a qual Gleiser precisa avançar - ele ignora e desconhece a Neurociência; a crença tem sim uma biologia própria e origens evolutivas, e tem causado a maior parte de nossos problemas desde que abandonamos o mero convívio tribal. Podemos chutar uma perda com facilidade, mas pensaremos duas vezes antes de pisar em uma formiga ou esmagar um mosquito, e jamais consideraremos a hipótese de maltratar um cãozinho. Estas são conquistar recentes, afinal aprendemos sobre a complexidade dos sistemas neurais, e sabemos que muitos seres vivos sentem dor e sofrem.

Por isso avançamos sobre o oceano de ignorância que nos cercava, arbitrado pela *crença* de que o homem era uma espécie de *"escolhido"* - sendo o único sujeito à dor. Ainda assim, alguns homens eram *mais escolhidos* do que outros, e a escravidão, na Bíblia e em Aristóteles, é amplamente aceita e recomendada. Matar um infiel, na bíblia e no corão, é antes um dever. Pelo humanismo, pela iluminação científica, sabemos que isso não é correto. Tais fronteiras não aumentaram a nossa ignorância, mas certamente abriram novas fronteiras dentro da *"ilha"*.

> *"O conhecimento avança, e a região inexplorada recua [...] com nosso conhecimento expandido." – Linda Randall*

Hoje sabemos que viemos, todos, de uma mesma mãe africana que viveu na região sul oriental. Isso nos une. Sabemos ainda que possuímos uma tendência inata ao sectarismo, definindo entre 'eles' e 'nós', e tal comportamento involuntário tem origens evolutivas. Também sabemos que a 'tonalidade' de nossa epiderme depende da concentração de melanina, uma arma evolutiva e adaptativa contra a incidência de raios UV.

Podemos ainda nos certificar de nosso inegável parentesco com chimpanzés pela comparação entre genomas; eles são os nossos primos primatas. Isso nos torna ainda mais generosos com todo o reino animal – e não o contrário. O nosso passado, e isso inclui os silvícolas, não podem ser comparados ao homem do terceiro milênio em termos de consciência ecológica. E podemos até mesmo ridicularizar toda a sorte de racismo, ao explicar que nossos antepassados com pelagem espessa tinham a pele 'clara' por baixo. E insisto que logo abaixo da superfície de disputas ditas *'subjetivas'* existe um oceano de argumentos, e todos eles são *'objetivos'*.

Mas o que seria *'objetivo'*? Gleiser insiste que, sob o tendencioso pretexto de que a Ciência não poderá ser exata ou completa, a "espiritualidade" ainda mais inexata, e na verdade "irreal", poderá ser invocada para preencher as lacunas.

> *"Uma balança mede o nosso peso com precisão dada pela metade de sua menor graduação: se a escala é espaçada por 500 gramas, só poderemos aferir o nosso peso com precisão de 250 gramas. Não existe medida exata: toda medida deve ser expressa dentro da precisão do*

instrumento usado e o faz com 'barras de erros'. [...] uma medida de 70 quilos deve ser expressa como 70 +/- 0,25 kg [...]. Não existem medidas perfeitas, sem erro."

Em busca do exato, do absoluto, do "espiritual", esquecendo-se de que existem gradações de erro, e uma falibilidade assumida na atitude científica - sendo essa sua maior fortaleza. Saber de tudo, repito, é um agravante religioso e não científico. E esta atitude covarde, politicamente correta, alinhada, é o que mais prejudica o avanço científico.

"Quem pensa ver algo sem falhas, pensa naquilo que nunca existiu, que não existe, e que nunca existirá." - Alexander Pope

O vigoroso e genial físico Richard Feynman dá o seu depoimento:

"Um princípio de pensamento científico corresponde a uma espécie de honestidade incondicional [...]."

É esta honestidade incondicional ou Ética que reside no Ceticismo Científico, confrontando a vacuidade das crenças e os *'discursos persuasivos'* em favor de mentiras, interesses e sandices. Isso porque as crenças se baseiam apenas na caprichosa, débil ou vã vontade de acreditar. Não se pode, de forma alguma, comparar a nobre atitude de tornar-se ciente pelo confronto de hipóteses séria e consequente com a realidade, com a autoridade especiosa de velhas ou novas convicções.

Não se pode usar como desculpa a falibilidade assumida da ciência para validar crenças. Uma verdade científica tem uma validez e universo de aplicação, assim como seu erro assumidamente demarcado, e que estará sob crivo constante, acirrada revisão, e variada fiscalização - **sendo esta a maior fortaleza da Ciência, e não o contrário**.

Sobre a pretensa critica ao erro científico, devo reagir lembrando que dogmas religiosos não podem ser revistos, e por isso mesmo sua defesa se faz com cinismo, agressividade, violência e - no passado *'médio'* - por meio dos artefatos do terror *'inquisitório'*. Sobre a 'relatividade do erro', Asimov nos ensina que:

"Quando as pessoas pensavam que a Terra era plana, estavam erradas. Quando as pessoas pensavam que a Terra era – 'exatamente' [grifo meu] esférica, estavam erradas. Mas, se você considera que 'pensar que a Terra é esférica é tão errado quanto pensar que a Terra é plana', então a sua visão está mais errada do que as duas juntas." - Isaac Asimov ('A Relatividade do Erro'; 1989)

E insisto que NENHUM DEBATE FILOSÓFICO – E SOB NENHUM PRETEXTO - ESTARÁ ISENTO DA NECESSIDADE DE ENTENDER A

'REALIDADE' E OS SUBSEQUENTES PARÂMETROS QUE REGEM A NOSSA TÊNUE 'LUCIDEZ'.

Sim, mas e daí? Uma balança caseira tem a precisão de uma ou duas casas decimais - exatamente por que está sob um crivo mais *'frouxo'* em termos científicos. Quanto mais Ciência mais exato será – mas não objetivamos o perfeito e sim o *endereçamento da verdade*: medimos a temperatura média do Universo com precisão de 5 casas decimais. Não há como ser 'exato', 'absoluto', mas e daí? Indicar a margem de erro é uma lição ética da Ciência e não o contrário. Deus e a religião, não indicam suas margens de erros, e justificam isso alegando que o absoluto a deus pertence ou seria *"incognoscível"*. E não precisamos de perfeição alguma - já que a natureza e o universo emergem da imperfeição, da diferença. O argumento de Gleiser é platônico. Asimov concorda com isso, e tem algo mais a dizer sobre *a Ciência e a escuridão*:

> *"Existe apenas a Luz da Ciência, e acendê-la em qualquer lugar é como acendê-la em todos os lugares."*

Um anúncio afixado diante de uma igreja batista americana, da seita *'New Canaan'* [ou *'Nova Canaã'*], alertava:

> *"Um livre pensador é um escravo de Satan."*

Sei que Gleiser alegará que esta congregação é doentia, ou que ele não fala *"desse tipo de espiritualidade"*, mas crimes contra a liberdade de pensamento sempre estão associados à religião.

> *"Com ou sem religião, pessoas boas podem se comportar bem e as pessoas ruins podem fazer o mal; mas para que pessoas boas façam o mal, elas precisam de religião." - Steven Weinberg (discurso em Washington em 1999)*

Sobre os "limites do conhecimento", Asimov desafia:

> *"Se o conhecimento pode nos trazer problemas, não será através da ignorância que iremos resolvê-los."*

Gleiser insiste na *escuridão 'científica'* justificada por sua inexatidão e reducionismo, mas tolera sem pesos ou medidas uma tal *"espiritualidade"*. Convido a advertência de Sagan no adágio de abertura de seu inesquecível *'O Mundo Assombrado por Demônios'*:

> *"É melhor acender uma vela do que praguejar contra a escuridão."*

Por que escrever uma obra para ressaltar os limites da Ciência, se as fronteiras continuam *"dentro da ilha"*? E como Gleiser citou em sua obra a Lucretius, inestimável livre pensador e o verdadeiro algoz dos deuses - que seria seguido pro Jean Meslier, para que Nietzsche levasse a fama -, eu também gostaria de citar Lucretius - e este aforismo me parece mais do que apropriado, na verdade trata-se de um ponto final:

> *"Assim como as crianças tremem e têm medo de tudo na escuridão cega, também nós, à claridade da luz, às vezes tememos o que não deveria inspirar mais temor do que as coisas que aterrorizam as crianças no escuro." - Titus Lucretius Carus ('De Rerum Natura' ou 'Sobre a Natureza das Coisas'; 60 AEC)*

Gleiser afirma que o conhecimento dos fenômenos naturais não é tudo; mas se a sua *"ilha"* é a *"ilha do conhecimento"*, e *ciência* é a terminação latina para *conhecimento*, de que outros *'métodos'* Gleiser estaria falando? Por que não é capaz de nominar?

> *"Embora as ciências físicas e sociais sejam capazes de iluminar muitos aspectos do conhecimento, não tem a missão de responder a todas as perguntas. Nada diminuiria mais o espírito humano do que restringir nossa criatividade a uma só ESQUINA do conhecimento." – Marcelo Gleiser*

O impulso de tornar-se ciente é uma disposição e uma atitude neuropsicológica inata, mas que pode ser estimulada ou bloqueada; este livro foi um desserviço ao empenho humano.

Certa feita Asimov recebeu uma carta de um licenciado em literatura inglesa, e não iniciado na busca pelo conhecimento, que muito vem ao caso neste momento; motivo pelo qual devo citá-lo:

> *"Um jovem especialista em literatura inglesa, tendo me citado, passou a me repreender severamente sobre o fato de que, através dos séculos, as pessoas pensavam ter compreendido finalmente o universo, e através dos séculos ficou provado que estavam errados. Isso significava que a única coisa que podemos dizer sobre o nosso conhecimento 'moderno' é que ele está errado."*

Gleiser não diz exatamente isso, mas se acerca bastante desta mensagem. Asimov brilharia em sua resposta:

> *"Quando as pessoas pensavam que a Terra era plana, estavam erradas. Quando as pessoas pensavam que a Terra era – 'exatamente' [grifo meu] - esférica, estavam erradas. Mas, se você considera que 'pensar que a Terra é esférica é tão errado quanto pensar que a Terra é plana', então a sua visão está mais errada do que as duas juntas." ('A Relatividade do Erro'; 1989)*

Asimov explicaria ainda que as pessoas buscam por certezas absolutas, ou negações absolutas. As pessoas estão platonicamente aprisionadas em uma falsa noção de perfeição; de forma que, se alguma coisa não é 'exatamente' ou absolutamente perfeita, então ela estará totalmente errada. Isso não nos leva a nada. Existem gradações de erros, sentenças verdadeiras e falsas; e a ostentação de verdades absolutas, somente serve ao propósito de turvar a nossa visão diante da *'realidade objetiva'* – à qual Gleiser chama pejorativamente de *"objetivismo"* -, impedindo que possamos diminuir a confusão reinante, optando por posições mais acertadas do que outras.

"Objetivismo" é particularmente abjeto, irresponsável e injustificável. Podemos *'endereçar a verdade'*, e este é o propósito da investigação científica; muito embora não seja a sua fonte de inspiração. Somos inspirados pela beleza da vida, por nossas paixões, amores, pela devoção a estes amores e princípios. E aqui discordo de outro conceito da *"ilha"* de Gleiser, de que a motivação da Ciência seja a ignorância. Pretendemos escrever a poesia da realidade, e por amor.

Sob o pretexto de uma verdade absoluta, Gleiser questiona que existam verdades, assim como o professor de literatura. Aliás, Galileu, um célebre *"cavaleiro do apocalipse"*, tendo escolhido ridicularizar crendices infundadas, salvaguardava o vigor de sua lucidez, e a postos, quando disse que:

> *"Io stimo più il trovar un vero, benché di cosa leggiera, che 'l disputar lungamente delle massime questioni senza conseguir verità nissuna. / Mais estimo encontrar uma verdade sobre qualquer assunto leve do que entrar em uma disputa longa sobre máximas questões sem atingir verdade nenhuma."*

Mas Galileu também esteve equivocado muitas vezes, como no notório caso dos anéis de Saturno; afinal, com seu parco instrumento de trabalho, os discos lhe pareceram como dois astros mais ladeando o planeta. Mas os acertos de Galileu e seu exemplo e vida valem muito mais do que seus evidentes equívocos – e Gleiser deveria saber disso.

Enquanto especulamos sobre a planura da Terra estivemos equivocados, mas tratávamos de endereçar a verdade; afinal, a curvatura da superfície terrestre está realmente próxima de zero. Este *'erro'* refletia as limitações instrumentais para a época; mas, sobretudo, este *erro* refletiu as limitações em termos de critérios para o conhecimento. Ainda não havia uma concisa teoria para o conhecimento, nem estatutos, nem recomendações formais, ou uma metodologia para o conhecimento que estabelecesse um universo de validez, indicando a margem de erro esperada no confronto com a *'realidade'*. As *'verdades'* eram publicadas com ansiedade e alarde, e, portanto, sem critérios; tudo estava por saber.

Mas os tempos mudaram; e mudaram com o filósofo grego Eratóstenes (276-195 AEC), um *"gênio do tamanho da Terra"*; o primeiro a notar que a longitude das sombras em relação ao mesmo horário do dia variava com a latitude onde a medição era procedida. Eratóstenes sabia que no vigésimo primeiro dia do mês de Junho aconteceria o *Solstício de Verão* na cidade de Siena, e que, precisamente ao meio dia o Sol brilharia direto dentro de um poço iluminando *"o seu fundo sem que nenhuma sombra se projetasse em suas paredes"*; isso enquanto em Alexandria, exatamente na mesma hora, ainda haveriam sombras projetadas sobre a parede.

Eratóstenes inferiu então que a Terra era esférica, uma revolução para o seu tempo. Com ajuda da trigonometria, considerando a distância entre Siena e Alexandria, o ângulo formado por este arco em relação ao *"centro da Terra"*, ele calculou a curvatura correta da Terra. Isso foi medido em *"passos"* e *"estádios"*, e envolveu *"sombras"*; tudo muito impreciso, embora engenhoso, perspicaz, apaixonante e científico.

Endereçávamos a verdade com ainda mais acuracidade, ao que hoje podemos adicionar algumas casas decimais, calculando a curvatura média da Terra em 0,0000786 por quilômetro. Isso seria crucial para que pudéssemos revisar toda a cartografia da época; e os mapas, palmo-a-palmo, passariam a ser muito mais precisos revolucionando a navegação - e o mundo seria 'redescoberto'. Tudo isso graças ao gênio e à ousadia de Eratóstenes, apesar do 'erro' irremediavelmente incorporado pelas limitações de seu tempo.

Agora a Terra era uma *"esfera"* perfeita - o que também estaria equivocado. Observando os céus e os demais planetas, o gênio investigativo de Newton demonstraria que a massa terrestre em rotação sofreria um acentuado achatamento nos polos. Medidas mais precisas nos permitiriam calcular o grau de *elipsidade* da Terra. A Terra esferoide seria muito mais próxima de seu passado esférico do que de seu passado plano; *evoluíamos em termos de gradação de erro*. Uma esfera prefeita nos daria uma curvatura em torno de 12,5 cm/km, enquanto a curvatura elíptica varia de fato entre 12,657 e 12,472 cm/km.

Este raciocínio conduzido por Asimov, *stricto sensu*, nos permite dizer que julgar a Terra esférica é muito mais correto do que considerá-la plana; e tal noção tem enorme impacto sobre nossas vidas. Também podemos dizer que julgar a Terra plana é muito mais incorreto do que julgá-la esférica, com os mesmos e severos impactos sobre o nosso convívio com a *'realidade objetiva'*. E ensinar tais princípios valorizando o *'endereçamento obstinado da verdade'* é muito mais produtivo do que destacar a imprecisão deitada sobre o caminho.

Mesmo o nosso esferoide *'perfeito'* seria revisado em 1958, quando o satélite *Vanguard I* entrou em orbita da Terra. Uma literal *vanguarda científica* seria capaz de medir a forma da Terra com uma precisão sem precedentes. Descobrimos que nos parecíamos com alguma coisa entre uma *'pera'* e uma *'batata'* – flutuando e rodopiando no espaço. Correções da ordem de milionésimos de centímetros por quilômetro foram procedidas, e aqui estamos – graças ao gênio de Eratóstenes.

Vivemos um conflito neuropsicológico de ordem evolutiva, causais, dicotômicos, lineares. Perdidos em uma gangorra de absolutos - tudo ou nada, certo e errado, bom ou mal. A realidade se descortina livre, desimpedida, e precisamos estabelecer parâmetros e bases de compreensão para conformar avanços 'objetivos'. O absolutismo, o generalismo, e seu homólogo, o relativismo, tem se prestado ao inconsequente e especioso propósito de justificar medidas autoritárias e dogmáticas alegando a impossibilidade de exatidão. Pois não seria muito melhor, sempre, acender mais um pequeno lampejo de luz do que tropeçar na escuridão?

Hoje sabemos que a 'mecânica genética' de nosso corpo evoluiu para mitigar os erros e mutações em nosso código genético. É isso mesmo, o código genético tem um mecanismo autocorretivo; e desta forma estamos menos sujeitos a mutações drásticas do que estivemos no passado. E podemos dizer que a Ciência conta hoje com o mesmo sofisticado mecanismo: o Método Científico. De forma que a falibilidade assumida da Ciência, de hoje em diante, está muito menos sujeita a erros crassos do que esteve no passado das crenças.

> "[...] talvez a Terra seja esférica agora, mas um cubo no próximo século, e um icosaedro oco no próximo, e com a forma de donuts no seguinte. O que ocorre, na realidade, é que quando os cientistas consegue elaborar um bom conceito, eles gradualmente o refinam e ampliam, com crescente sutileza, à medida que seus instrumentos de medição melhoram. As teorias não estão tão equivocadas, mas incompletas." – Isaac Asimov (idem)

Não é tão importante definir se este valoroso processo se estenderá infinitamente ou não, absolutamente ou não; mas, sobretudo, devemos considerar o bem que este honesto procedimento provê, na medida em que, inescapavelmente, ilumina o que antes era escuridão.

Muitas vezes, teorias que alcançam o status de revolução científica, não passam de um conjunto apropriado manipulações e refinamentos de um corpus de conhecimento pregresso. Como quando Copérnico nos levou de um sistema centrado na Terra a um sistema centrado no Sol. Copérnico estava desafiando o que parecia ser óbvio com algo que soava ridículo. Aristarco e Eratóstenes viveram a experiência.

Normalmente, e há algum tempo, vivemos de refinamentos; caso contrário, e considerando a autorregularão e autocorreção científica em voga, uma teoria estapafúrdia teria vida muito curta. Exemplos pífios como a "fusão a frio" não passaram de pseudociência. O que deveria nos alertar ainda mais sobre a necessidade de aprimorar nossos critérios, e não desconsiderá-los – como Gleiser e o *"professor"* sugerem.

Mas, ainda assim, no caso da história do entendimento do sistema solar, por mais que as proposições *'parecessem'* revolucionárias, toda esta *'revolução'* não passava de um confronto *político-religioso* – da alçada do *"absoluto"* e do *"absolutismo"*, uma questão de autoridade, e a tentativa de impedir a verdade. Cientificamente, não passou de um refinamento teórico em relação ao entendimento dos movimentos de corpos celestes já conhecidos. Seria a autoridade religiosa Católica, expressa em seu livro negro ou Index, quem elevaria o trabalho do tímido cônego à condição de heresia, sete décadas após sua publicação em 1616, e lá permanecendo até 1822; mas aí já era tarde, o estrago nas fundações do edifício dogmático platônico-aristotélico-cristão já estava feito.

Copérnico pretendia apenas encontrar um modelo que melhor acomodasse a realidade de suas observações celestiais. Neste caso, e em especial, apesar de toda a *gambiarra* incorporada ao modelo aristotélico-ptolomaico, a sobrevivência do antigo - *"salvando platonicamente a teoria"* - só seria possível e por tanto tempo, graças à força da autoridade político-religiosa vigente.

A Teoria da Evolução enfrentaria os mesmos credos, e as mesmas barricadas:

> *"As formações geológicas terrestres mudam muito lentamente, assim como os seres vivos evoluem tão lentamente, que parecia razoável no início supor que não haviam mudanças, e que a Terra e a Vida sempre existiram como são até hoje. Sendo assim, não faria diferença se a Terra e a Vida tivessem bilhões de anos de antiguidade, ou somente milhares. Milhares era mais fácil de compreender."* – Charles Darwin

A exemplo do entendimento sobre a curvatura terrestre, quando medições mais precisas revelaram que a Vida evoluía em um ritmo muito lento, porém vigoroso, pudemos aprofundar também a compreensão sobre a *idade da Vida*. Nascia a Geologia Moderna e a Biologia.

> *"É apenas porque a diferença entre taxa de variação em um universo estático e a taxa de variação em um universo em evolução está entre zero e muito próximo de zero que os criacionistas podem continuar a propagar seus disparates."* – Isaac Asimov

Esta diferença *contra-intuitiva* fustiga a tênue lucidez humana. Precisamos da Ciência ou *scientia* - a terminação latina para *'conhecimento'* - para testar o vão solipsismo e nossa lucidez. Não defendam "algo além da razão", porque seria o mesmo que clamar por algo diferente da lucidez. Este é o nosso bem mais precioso.

E a dois parágrafos de encerrar, Gleiser mais uma vez sentencia:

"[...] qualquer explicação científica é necessariamente limitada."

Isso, enquanto nos preocupamos com métodos dedutivos, e o confronto de nossas hipóteses com a realidade, gradações de erro e universo de validez para tais proposições. Aferições, duplo-cego, triplo-cego, padrões referencias, testes ao redor do mundo, diferentes equipes, etc.

"Ampliamos e enriquecemos nossa compreensão à medida que sondamos escalas cada vez mais remotas." – Linda Randall (idem)

Mas Gleiser insiste que *"existem muitos modos de saber"* - consultando os Vedantas, a Bíblia. ou sei lá o que, já que não foi elucidado este misterioso caminho. Uma linguagem, diga-se de passagem, pouco científica - mesmo em se tratando de uma crônica. Aceitável como um livro de auto-ajuda, e neste caso a minha derradeira advertência seria: AUTO-AJUDE-SE evitando este tipo de literatura – Gleiser tem trabalhos melhores. E não tenho espaço em minhas prateleiras para livros de auto-ajuda. O que devo fazer com este livro?

Inventamos a Ciência para testar a nossa lucidez; e quando percebemos não dispor – como humanos - de uma apreciação exata dos fatos e o julgamento inabalável e isento atribuído cinicamente aos *deuses*. Sendo a inteligência - podemos resumir - uma medida direta de nossa falível capacidade de reconhecer padrões, foi necessário desenvolver um acervo seguro de referências, resultando no conhecimento cumulativo Universal. E aposto que assim seremos sempre melhores, pouco a pouco, passo a passo. Melhores do que os deuses!

Vejam a força da ilusão – neste caso, ótica: Galileu, o pai da Ciência Moderna – se é que houve uma Ciência Antiga – descreveu Saturno em seu rudimentar telescópio como *'três estrelas juntas'*. Faltavam-lhe melhores instrumentos de observação e uma teoria para especular sobre os anéis. O que via eram exatamente três borrões de luz, sendo um maior ao centro, e dois menores, um de cada lado, que se pareciam com esferas. Hoje, podemos atestar sobre os anéis de Saturno sem imprecisões óticas *'significativas'*, de forma límpida e clara, e pudemos com a Cassini atravessar seus discos conformados por detritos - que gravitam em torno do planeta. E, sem direito a relativismos de ocasião, podemos afirmar 'sim' que chegamos ao fundo desta questão; reduzindo a gradação de erro, cada vez menor, menor, menor e. muito menor.

Epílogo: Arquivo 'X'

Aquilo em que quero acreditar pelas emoções, e aquilo em que devo acreditar pelas evidências, nem sempre coincidem. Sou cético não porque não queira acreditar, mas porque quero saber.
Michael Shermer

"A mente do homem está longe de ser da natureza clara e uniforme de um vidro, no qual os raios das coisas se refletem de acordo com a sua precisa incidência. Ao contrário, ela é como um espelho encantado, cheia de superstição e impostura, se não for liberada ou diminuída."
Francis Bacon
('Novum Organum'; 1620)

Nos anos 90, a série de televisão *'Arquivo X'* estava com tudo, e confrontava o ceticismo inteligente de *Scully* com as crendices de *Fox Mulder – o personagem principal*. Mulder protagonizava o *zeitgeist* da época com slogans do tipo *"eu quero acreditar"*, *"a verdade está lá fora"*, e pegando carona no famoso clássico dos *'céticos'* do Pink Floyd: *"Is there anybody out there?"*. Não sabemos se existe alguém lá fora, e muito menos inteligente, mas não estamos desesperados por inventar estórias fantasmagóricas, porquanto podemos esperar para saber.

Probabilisticamente falando, é bem provável que exista vida no Universo, e bem aqui na Via Láctea. Estimamos que existam entre 700 e 900 planetas com chance de reunir as condições contingentes para a vida - somente para citar a nossa vizinhança. Embora *'vizinhança'*, aqui, seja um conceito pra lá de exagerado. Os possíveis planetas em condições de abrigar a vida estão na realidade – irremediavelmente e apesar de toda a ficção ou mesmo do exercício sério e consequente da futurologia – bem longe de nós - bem longe mesmo! Encontrar vida em nossa existência será bem mais complicado do que encontrar agulhas em um palheiro. Será mais parecido com encontrar grãos de açúcar no Saara. Mas estamos correndo atrás.

O cabo de guerra psicológico desenrolado por *Scully* e *Mulder* na série - entre o ceticismo e a crendice, confrontando fantasia e realidade, fato e ficção - quase sempre pendia para em favor do mistério e do sobrenatural. Michael Shermer nos conta em *'Por que as pessoas acreditam em coisas estranhas?'* (2011) que o seriado *'Arquivo X'* era tão popular que foi parodiado pelos *'Simpsons'* no impagável *'Os Arquivos Springfield'*; onde, entre outras anedotas de primeira, Homer tem um contato imediato com alienígenas na floresta - *mas não sem antes emborcar uma dúzia de garrafas de sua cerveja preferida*. Ao menos nos *'Simpsons'*, o cabo de guerra pende em favor do ceticismo, e de forma muito bem humorada e inteligente. Tão inteligente que Leonard Nimoy, o inesquecível – e cético – 'Dr. Spoke' de 'Jornada nas Estrelas', foi convidado para narrar a introdução. Nimoy já fizera isso antes em um seriado científico - portanto não ficcional -, 'In Search Of', nos anos 70. Nimoy acerta no tom e dispara:

> "A história de encontros com alienígenas que vocês vão ver agora são verdadeiras. E por verdadeiras quero dizer falsas. É tudo mentira. Mas são mentiras que divertem e, no fim, não é essa a genuína verdade? A resposta é NÃO."

Sim Nimoy, **a superstição não diverte**! Mas a verdade insiste, resiste, persiste, e penetra - sempre. Mesmo que leve algum tempo, mesmo que custem algumas vidas, cabeças e corpos carbonizados. O *relativismo da verdade*, a *cultura pop*, e a velocidade da mídia de massa, fazem com que os intervalos de atenção sejam medidos em minutos. Citando mais uma vez Shermer (2011), tudo isso acaba por deflagrar um **"atordoante conjunto de alegações"** *sobre o que seja a verdade*. Tal fenômeno, *'a crença na crença'*, pode ser medido em unidades de **"infonimento"** – ou seja, informação e entretenimento -, um inteligente conceito proposto por Shermer.

Experimente parar diante de uma banca de jornais e verá que as publicações ditas *'esotéricas'* estarão estampadas em flagrante destaque, contra o pano de fundo do besteirol das revistas de fofoca. *Espiritismo, Parapsicologia, Cristais, Homeopatia, Florais de Bach, Astrologia, Quiromancia, Tarô, Acupuntura, Quiropraxia, Psicologia Multifocal, Multidimensional, Gurus, Misticismo Indiano, etc e tal*. Não haverão, e sem exceções, revistas científicas em primeiro plano - jamais!

Os tabloides se sobreporão também aos jornais mais sérios. Quando entro em qualquer livraria faço o intento de vasculhar sobre a existência de *'vida inteligente'*, mas sempre me deparo com *a proliferação de livros inconsequentes sobre auto-ajuda, espiritismo, misticismo, 'freudianismo', 'paulocoelhismo', anjos, demônios, bruxas, vampiros, lobisomens, fantasmas e afins*. Na televisão *navegamos entre os canais pentecostais e evangélicos, e o ôba-ôba do sobrenatural, 'Supernatural', 'Lost', 'Além da Imaginação', 'Poltergeist', 'Espíritos', 'Zeitgeist', 'Quinta Dimensão', 'Isto é Incrível', 'O Sexto Sentido', magia, mitos, monstros, super-heróis, fantasia, fantasia, fantasia, e. mais fantasia*.

A trilha sonora é melodramática, apagam-se as luzes, a fonte de luz provém de baixo, o rosto do apresentador é então iluminado enigmaticamente, luz e sombras, e a voz sai gutural e amedrontadora:

> "Não confie em ninguém. A verdade está lá fora. Quero crer. Quero ver."

Não! A resposta reside em nossa tendência ao *auto-engano*, e bem vívida em nossos cérebros e, pleno e inacabado processo evolutivo. A ilusão - proveniente de nossos mecanismos neurais para o reconhecimento dos padrões que regem a vida – jorra. Não induza a sua mente já *auto-induzida* a crer. Queira saber, se for capaz! A resposta é menos *'espetaculosa'*, embora muito mais *'espetacular'*. E será a VERDADE. Inventamos a ciência para testar a nossa lucidez, assim como contrastar nossos delírios.

Em 2009, uma pesquisa realizada pelo Instituto Harris entrevistou 2.303 americanos sadios e adultos e pediu que indicassem *'sim ou não'* para tudo aquilo em que acreditassem. Pois bem:

82% acreditam em deuses, 76% em milagres, 75% na existência do 'céu' ou "paraíso", 73% acreditam que o tal "Jesus" é mesmo "o filho de deus" – o deus judaico-cristão-islâmico -, 72% acreditam em anjos, 71% em alma, 70% na ressurreição do tal filho de deus, "cristo", 69% no demônio, mas 61% em inferno, também 61% na virgindade da "mãe de Jesus", "filho de deus" – muito embora jamais engolíssemos uma estória dessas, seja para entender a gravidez de uma filha, ou de sua namorada 'virgem'. A Teoria da Evolução tem apenas 45% de aceitação, isso em 2012, enquanto 42% acreditam em fantasmas. Apenas 40% acreditam piamente no "criacionismo" - ou seja, o tal deus dos 82% criou tudo com um passe de mágica. Estranho se considerarmos que a única fonte da existência de deus – embora anedótica – é a "bíblia", ou seja, o mesmo livro que afirma ser este deus, responsável por haver criado tudo o que existe – menos ele mesmo, que continua sendo um mistério para crentes e não crentes. 32% acreditam em OVNIs, 26% em astrologia, 23% em bruxas, e 20% em reencarnação.

Shermer notou ainda que **mais pessoas acreditam em anjos e demônios do que na Evolução**. Esta é a realidade americana. Presumo, e temo, que este atraso norteamericano em relação à crendice, quando comparado com outros países *'economicamente'* desenvolvidos, esteja relacionado com o famoso **Julgamento do Macaco**.

Em 1925, um professor do Tennessee foi condenado por ensinar a Evolução, sendo sentenciado a pagar uma vultosa quantia para a época: USD 100,00. Mas o dano maior viria a seguir, quando a Evolução de Darwin foi banida dos livros escolares por quase 30 anos. Quando a Evolução retornou ao ensino americano na década de 60, foi obrigada a conviver por mais 20 anos ao lado do *"criacionismo"*, *até que a inteligência prevalecesse sobre a submissão cativa e tácita*. Mas não sem antes lutar e lutar contra o fanatismo evangélico, pentecostal e neo-pentecostal do *Cinturão Bíblico americano*.

Mesmo sem a mácula do *Julgamento do Macaco*, os britânicos – 1.066 deles –, compatriotas de Darwin, também inspiram muita preocupação, como mostra uma pesquisa do *Reader´s Digest* de 2006.

43% dos entrevistados declararam serem capazes de ler a mente de outras pessoas, mais de 50% disseram haver tido sonhos ou premonições sobre acontecimentos ou fatos que acabaram "realmente" acontecendo. Mais de 2/3 alegaram possuir o poder de saber que alguma pessoa estava olhando para eles, fora de seu campo de visão – consultar 'visão periférica' -, 26% pressentiram que uma pessoa próxima estava doente, em perigo ou morrendo naquele instante – e passaram para um 'tchau'. Mas 62% disseram que podem 'adivinhar' que está ligando antes de atender o telefone – basta um identificador de chamadas [sic]. 20% afirmou haver visto fantasmas, e 1/3 afirmaram que experiência ditas de "quase morte" são uma prova irrefutável de que existe vida depois da morte.

A Fundação Nacional da Ciência (NSF) dos Estados Unidos, alarmada com estes dados, também empreendeu pesquisas e trouxe à tona mais informações.

A crenças – por exemplo – em "percepção extra-sensorial" cai de 65%, em egressos do ensino médio, para 60%, em egressos do ensino superior. A crença em terapias magnéticas cai de 71% para 55%, mas a crença na dita "medicina alternativa" sobe de 89% para 92%. Parte desta situação dramática decorre do fato - e dado - de que 70% dos americanos nada sabem sobre o Método Científico, análise de probabilidades, métodos experimentais, teste de hipóteses.

Portanto, parafraseando Shermer, a solução pode estar em ensinar primeiro **como a ciência funciona**, além de apontar apenas **o que a ciência conhece**.

Ensinamos 'o que pensar' ao invés de 'como pensar'!

Costumo elucidar ou *'tentar'* elucidar a questão explicando que:

A Ciência nada mais é do que a nobre disposição de tornar-se ciente por meio de hipóteses plausíveis e provas, com o objetivo de promover justiça.

Existem lacunas profundas em nosso programa do ensino fundamental, tais como *Noções Básicas em Lógica Intelectiva, Discursiva e Retórica - e suas subsequentes e respectivas 'falácias'* -, *Probabilidade e Estatística e Teoria do Conhecimento*. Se faz *'mister' e urgente ensinar a PENSABILIDADE*. Precisamos antecipar o ensino da Filosofia, *'não-enciclopédica'*, mas o *verdadeiro exercício do escrutínio da razão sobre a 'pensabilidade'*. Isso pode ajudar, e muito; mas não é só isso.

> *53% dos americanos com alguma iniciação científica demonstram compreender o Método Científico, contra 38% no nível médio, e apenas 17% no nível básico. Mas todos tem uma boa noção sobre "horóscopos" [sic] – por exemplo.*

Portanto, *ensinar 'como a ciência funciona', e não apenas 'o que a ciência já descobriu', pode ajudar muito*. Recorrentemente percebo que certas pessoas – muitas, na realidade – se apresentam como sendo *'ilibadamente' científicas*, mas na realidade são presas fáceis do próprio sensacionalismo científico, que fatalmente descambará para o sensacionalismo *'pseudo-científico'*. Notável e cabalmente, desconhecem a argumentação lógica e retórica, desconhecem os rudimentos do Método Científico e seus derivativos em cada área do conhecimento humano; mas estão interessados em *"pesquisas de ponta"*, como *'universos paralelos', 'teoria das cordas', 'buraco de minhoca'*, etc. Este é um clássico em páginas ateístas ou ditas *'científicas'*.

"Primeiros surgem as crenças, depois as explicações." – Michael Shermer.

As pessoas creem porque estão aparelhadas para tal, em virtude da própria evolução. Evoluímos lentamente, em termos fisiológicos e rapidamente em termos *'culturais'*. O nosso cérebro tem variado pouco ao longo de milhões de anos, enquanto a nossa habilidade em usá-lo caminha a passos largos. Estima-se que estejamos avançando 3 pontos de QI a cada década. Assumimos uma progressão avassaladora de desenvolvimento, e o aprendizado humano parece ir ao encontro de uma curva exponencial, e quem sabe do que seremos capazes. Quem viver verá.

O grande divisor de águas, no entanto, esteve na capacidade de acumular conhecimento *'extra-corporal'* - fora de nosso cérebro *mortal e temporal* -, e esta façanha só foi possível graças à *evolução da escrita em substituição ao registro iconográfico*. Depois veio a revolução em termos de materiais, de pedras, placas de argila, papiros, a disquetes, CDs, DVDs, Blu-Ray, e. *"ao infinito e além"* (BuzzLightyear).

O processo de reconhecer padrões nos levou da selva aos arranha-céus em milhares de gerações, e ao longo de pouco mais de 150.000 anos. A escrita e os registros do conhecimento são bem mais recentes. A *Ciência*, o divisor de águas entre o delírio e a lucidez, não tem mais do que alguns séculos. De forma que, em nossa saga de avidez por padrões, também desenvolvemos - entrementes e *'entre mentes'* - as superstições. Registramos também padrões equivocados – muitos; na apaixonada e muitas vezes desesperada tentativa de descortinar os verdadeiros padrões que regem a vida.

Neste processo de reconhecer padrões ou *'padronicidade'* – termo cunhado por Shermer - dois erros clássicos podem assomar:

*(1) primeiro o **Falso Positivo**. 'Acreditar' que estamos desvendando um padrão, quando na realidade estamos criando uma nova superstição. Ou seja, ao acreditar que um fenômeno ou consequência (B) decorre diretamente ou é causado por um evento (A). 'A' causa 'B' - Post ergo propter hoc, ou 'depois disso, por causa disso'. Nossos antepassados viviam de relações causais simples, ordinárias, de onde uma consequência (B) 'parecia' decorrer de uma única causa (A). Mas a vida não se comporta sempre assim, e na realidade a maioria dos fenômenos envolve múltiplas variáveis, sistemas complexos, caóticos, etc.. Mas se estamos na mata e escutamos um barulho, podemos relacionar diretamente a um predador e 'pernas pra que te quero'. Ou podemos pensar que foi apenas o vento. Neste tipo de situação, e dispondo de uma fração de segundos para decidir, o falso positivo, ou seja, apostar no tigre dente-de-sabres, pode ter sido uma vantagem evolutiva. Mas se considerarmos os mochicas do Perú, que acreditavam que um de seus deuses, 'Ai Apaec', fazia chover após algumas cabeças terem sido decapitadas, e o sangue vertido na terra para saciá-lo, podemos encontrar certas desvantagens no falso positivo. Isso porque, em parte, a extinção dos mochicas se deve à elevada mortandade de seus homens adultos e guerreiros, quando diante de uma severa estiagem ocasionada pelo fenômeno do 'El Niño', quando número de decapitados atingiu o seu apogeu. O padrão estava decididamente errado. Mas a 'crença' em qualquer coisa, sempre que o custo desta crença supera o custo do Falso Negativo, poderia ser vantajosa.*

*(2) o **Falso Negativo** é estar diante de um padrão, e não reconhecê-lo. Por exemplo: não perceber o tigre, e 'acreditar' tratar-se meramente do vento. Somente muito recentemente, aprendemos a lidar com fenômenos complexos, multi-variáveis, probabilísticos, caóticos. Sempre que tomo um taxi faço a experiência, e o gentil taxista após uma breve apresentação, e definido o itinerário, dispara: 'o clima está louco'. Ao que trato de responder, com um sorriso nos lábios, 'não, o clima É louco'. A troposfera é um sistema caótico.*

O guia de minha visita a 'la Huaca de la Luna', bem que tentou alegar que os Mochicas conheciam a corrente de Humboldt, o fenômeno do El Niño, mas objetei demonstrando que pelo número de cabeças cortadas e por seu desafortunado destino, estava patente que nossos amigos peruanos não poderiam sequer conhecer o ciclo das chuvas – dominado amplamente por qualquer criança matriculada na quarta série.

Pois viajamos como exploradores, vítimas, e inquilinos, de nossos próprios cérebros. O Falso Positivo pode ter representado alguma vantagem em nosso passado evolutivo, mas pagamos um preço muito elevado por nossas superstições hodiernamente - *umas mais do que outras.* Hoje dispomos da Ciência, de forma que podemos racionalizar nossas vidas, cometendo menos falsas assunções, e evitando o tremendo dispêndio de energia, além do sofrimento.

Mas a questão pode ser ainda bem mais dramática, e isso porque podemos evitar a mortalidade infantil, viver mais, sermos mais justos, impedindo o assassinato torpe de pessoas por motivação meramente supersticiosa. Estamos fadados às superstições, uns cérebros mais do que outros, assim como ao animismo e o antropomorfismo. Por isso vemos animais em constelações e deuses que pensam e agem como homens – caprichosos, cruéis, ciumentos, invejosos e rabugentos.

De forma que existe uma tendência a 'primeiro' acreditar – Falso Positivo – para só então nos esmeramos nas explicações 'aparentemente plausíveis' – 'pero no mucho'. E tais crenças, assim como suas respectivas explicações, normalmente estarão calcadas em causalidades de primeira ordem - onde uma causa é suficiente e necessária para provocar um efeito, que por sua vez dependente única e exclusivamente desta causa. *'Aquele casal se separou. logo faltou deus em suas vidas'.* Mas existem melhores explicações para isso, complexas, multi-variáveis, caóticas.

Onde um cérebro pouco iniciado no conhecimento científico vê 'mistério' pode existir apenas complexidade – e um baixo nível de instrução.

Para uns, solucionar um sistema com duas equações e duas variáveis poderá ser uma tarefa hercúlea; enquanto, para outros, poderá não exigir mais do que divertida atenção. E existe um risco adicional, parafraseando Jan Neruda mais uma vez:

Quem nada sabe, em tudo crê!

Uma vez deflagrada, a crença começa um ciclo de reforço e autoconfirmação. A personalidade - e suas dimensões - desempenhará um papel muito forte em estabelecer a força deste ciclo. Existem pessoas mais ou menos suscetíveis a novas experiências, a obsessões, medos, hipnose, vieses contraditórios ou de contraditos, etc.

Outro ângulo para abordar a questão nos mostra que: *para 'criar' superstições basta um protagonista, uma anedota, e um público interessado e 'crente'.* O que não pode um bom contador de estórias, uma boa estória – ou nem tanto, contanto que seja *'espetaculosa'* -, o momento certo, e uma plateia crédula? Vide Hitler, Lenin, Moisés, Paulo de Tarso, Maomé, Edir Macedo, Fidel, Lula, Che, Freud, Marx.

O simples relato de casos do tipo *'fulano (A) curou sicrano (B)'*, em geral, só precisa de certa notoriedade e alguns testemunhos casuais *'para viajar nas ondas do esoterismo'*. Entender, saber. exige formação, estudo abnegado, e muita vontade de acertar.

> **Ético, logo cético.** *Não é por acaso que convivemos com mais crentes do que pensadores.*

Muitos assassinaram e queimaram vivos aos primeiros humanos que ousaram burilar a verdade. Muitos *'gritaram seus gritos lacerantes'* enquanto agonizaram com os seus livros acorrentados às pernas; para que outros - muitos de nós - pudessem investigar e entender, não apenas *sobre o Universo que nos cerca e o nosso papel em seu processo evolutivo, mas também as características do próprio cérebro humano – o investigador arguto e inquieto; destino de todo o processo de sensoriamento, decodificação, recodificação, processamento, e projeção de respostas e ações... Assim, pudemos investigar a nossa própria sanidade.*

O homem é, pois, em última instância, a memória do Universo!

Referências Bibliográficas:

Albert Camus; 'A Inteligência e o Cadafalso – e outros ensaios ';
2010;
Albert Camus; 'O Primeiro Homem'; 1994;
Albert Camus; 'O Estrangeiro'; 2011;
Albert Camus; 'Diário de Viagem'; 2004;
Albert Camus; 'O Homem Revoltado'; 2010;
Albert Einstein; 'Como Vejo o Mundo';;
Ana Beatriz Barbosa Silva; 'Mentes Perigosas'; 2008;
André Prous; 'O Brasil antes dos Brasileiros – A Pré- História do
nosso País 2° Edição'; 2007;
Aristóteles; Ética a Nicomano;;
Arthur Schopenhauer;;;
António Damásio; 'O Erro de Descartes'; 2011;
António Damásio; 'E o Cérebro criou o Homem'; 2011;
António Damásio; 'O Livro da Consciência'; 2010;
António Damásio; 'Em busca de Espinosa: prazer e dor na ciência dos
sentimentos'; 2009;
Bart D. Ehrman; 'Evangelhos Perdidos – As Batalhas pela Escritura
e os Cristianismos que não Chegamos a Conhecer'; 2008;
Benedictus Spinoza; Ética; 2010;
Bertrand Russell; 'Porque não sou cristão'; 2011;
Bertrand Russell; 'Os Problemas da Filosofia'; 2008;
Bertrand Russel; ' Religión y Ciencia'; 1998;
Bertrand Russell; 'A Conquista da Felicidade'; 2002;
Bertrand Russell; 'História do Pensamento Ocidental'; 2001;
Betty J.Meggers; 'Amazônia – a ilusão de um paraíso'; 1987;
Blaise Pascal; 'Pensamentos'; 2004;
Brian Dunning; 'Skeptoid'; 2007;
Brian Greene; 'O tecido do cosmo – o espaço, o tempo e a textura da
realidade'; 2004;
Cambridge University; 'Dicionário Filosófico'; 2011;
Carl Jung; 'Mysterium coniunctionis'; 1985;
Carl Jung; 'O Livro Vremelho'; 2010;
Carl Jung; 'O eu e o inconsciente'; 2011;
Carl Sagan; 'O Mundo Assombrado por Demônios - A Ciência Vista
como uma Vela na Escuridão'; 1996;
Carl Sagan; 'Murmúrios da Terra: A Viagem Interestelar da
Voyager'; 1978;
Carl Sagan; 'Os Dragões do Éden: Especulações sobre a Evolução da
Inteligência Humana'; 1978;
Carl Sagan; 'Cérebro de Broca: Reflexões sobre o Romance da Ciência.
Uma recompilação de artigos científicos'; 1979;
Carl Sagan; 'Cosmos'; 1980;
Carl Sagan; 'Pálido Ponto Azul'; 1994;
Carl Sagan; 'Bilhões e Bilhões'; 1997;
Carl Sagan; 'Variedades da experiência científica: Uma visão pessoal
da busca por Deus'; 2006;
Carl Sagan, Ann Druyan; 'Sombras de Antepassados
Esquecidos';2009;
Carl Zimmer; 'O Livro de ouro da Evolução – O Triunfo de uma
ideia'; 2003;
Carlos Fausto; 'Os índios antes do Brasil'; 2010;
Carlos Castaneda; 'A erva do diabo'; 1968;
Charles Darwin; 'A Origem das Espécies'; 2011;
Charles Darwin; 'A expressão das emoções no homem e nos animais';
2012;
Charles Darwin; 'The Voyager of The Beagle'; 2006;
Charles Darwin; 'On The Origin os Species; 2006;
Charles Darwin; 'The Descent os Man'; 2006;
Charles Darwin; 'The Expression of the Emotions in Man and
Animals; 2006;
Charlie Huenemann; 'Racionalismo'; 2012;
Chistopher Hitchens; 'Últimas Palavras'; 2012;
Chistopher Hitchens; 'Deus Não é Grande – Como a Religião
Envenena Tudo'; 2007;

Chistopher Hitchens; 'O Cristianismo é Bom para o Mundo – Um
Debate'; 2011;
Christopher Hitchens; 'Hitch-22'; 2010;
Christopher Hitchens; 'deus não é Grande'; 2007;
Christopher Tyerman; ' A Guerra de Deus – Uma nova História das
Cruzadas V1'; 2010;
Christopher Tyerman; ' A Guerra de Deus – Uma nova História das
Cruzadas V2'; 2010;
Claude Levi-Strauss; 'O Crú e o Cozido – Mitológicas Vol 1'; 2011;
Claude Levi-Strauss; 'Do Mel às Cinzas – Mitológicas Vol 2'; 2005;
Claude Levi-Strauss; 'A Origem dos Modos à Mesa – Mitológicas
Vol 3'; 2006;
Claude Levi-Strauss; 'O Homem Nú – Mitológicas Vol 4'; 2011;
Claude Levi-Strauss; 'O Pensamento Selvagem'; 2005;
Cora Coralina;;;
Cris Anderson, David Sally; 'Os Números do Jogo'; 2013;
Daniel Dennett; 'Quebrando o Encanto'; 2006;
Daniel Dennett; 'Brainstorms - Ensaios Filosóficos sobre a Mente e a
Psicologia'; 1999;
Darcy Ribeiro; 'O povo brasileiro'; 2010;
David Bohm; 'O pensamento como um sistema'; 2007;
David Eagleman; 'Incógnito – As Vidas Secretas do Cérebro'; 2011;
David Hume; Tratado da Natureza Humana; 2009;
David Hume; 'História Natural da Religião'; 2004;
David Salsburg; 'Uma senhora toma chá. Como a estatística
revolucionou a ciência no século XX'; 2009;
Dean Buonomano; 'O cérebro imperfeito'; 2012;
Deborah Murrel; 'Superstições'; 2009;
Deonísio da Silva; ' A Vida Íntima das Frases'; 2009;
Deonísio da Silva; 'Palavras de Direito – O verdadeiro significado
leva á clareza'; 2013;
Deus; 'Biblia Sagrada Católica' - ebook; 2013;
Derren Brown; 'Trincks of the mind'; 2007;
Diane E. Papalia, Ruth Duskin Feldman; 'Desenvolvimento
Humano'; 2013;
Diané Collinson; '50 Grandes Filósofos – Da Grécia Antiga ao século
XX'; 2004;
Don e Petie Kladstrup; 'Vinho & Guerra – Os Franceses, os Nazistas
e a Batalha pelo maior tesoura da França'; 2002;
Don e Petie Kladstrup; 'Champanhe- Como o mais sofisticado dos
vinhos venceu a guerra e os tempos difíceis'; 2006;
Douglas Palmer; 'Evolução a História da Vida'; 2009;
Dover K.J.; 'A Homossexualidade na Grécia Antiga'; 1994;
Drauzio Varella; 'Por um fio'; 2010;
Drauzio Varella; 'Borboletas da Alma'; 2006;
Duane P. Schultz, Sydney Ellen Schultz; 'História da Psicologia
Moderna'; 2009;
Eduardo Giannetti; 'Vícios privados, benefícios públicos? – A ética na
riqueza das nações'; 2010;
Eduardo Giannetti; 'Auto-engano'; 2011;
Eduardo Giannetti; 'O Valor do Amanhã'; 2012;
Eduardo Góes Neves; 'Arqueologia da Amazônia'; 2006;
Edward Gibbon; 'Declínio e queda do Império Romano'; 2012;
Edward O. Wilson; 'A conquista social da terra'; 2013;
Edward O. Wilson; 'Diversidade da Vida'; 2012;
Eliade Mircea; 'História das Crenças e das Ideias Religiosas: Da Idade
da Pedra aos Mistérios de Eleusis – Vol 1; 2010;
Eliade Mircea; 'História das Crenças e das Ideias Religiosas: De
Gautama Buda ao Triunfo do Cristianismo – Vol 2'; 2011;
Eliade Mircea; 'História das Crenças e das Ideias Religiosas: De
Maomé à Idade das Reformas – Vol 3'; 2011;
Eliade Mircea; 'O Dicionário das Religiões'; 1999;
Eric Kandel; 'Em Busca da Memória: O Nascimento De Uma Nova
Ciência Da Mente'; 2009;
Fernando Reinach; 'A longa marcha dos grilos canibais'; 2010;
Florência Costa; 'Os Indianos'; 2012;

Francis Bacon; ' Da Proficiência e o Avanço do Conhecimento Divino e Humano'; 2006;

Friedrich Nietzsche; 'A Genealogia da Moral'; 2009;

Friedrich Nietzsche; 'A Gaia Ciência'; 2006;

Friedrich Nietzsche; 'Assim falou Zaratustra'; 2007;

Friedrich Nietzsche; 'Humano Demasiado humano'; 2011;

Friedrich Nietzsche; 'Além do Bem e do Mal'; 2010;

Galileu Galilei; 'Dialogo sobre os dois máximos sistemas do mundo ptolomaico e copernicano'; 2011;

Geoffrey Blainey; 'Uma Breve História do Século XX'; 2011;

Geoffrey Blainey; 'Uma Breve História do Mundo'; 2012;

Geoffrey Blainey; 'Uma Breve História do Cristianismo'; 2012;

Geoffrey Miller; 'Darwin vai às compras'; 2012;

Georges Canguilhem; 'Estudos de História e de Filosofia das Ciências- Concernentes aos vivos à vida'; 2012;

Georges Duby; 'Idade Média, Idade dos Homens'; 2011;

Gilles Deleuze; 'Espinoza e os Signos'; 1970;

Guimarães Rosa;;;

Hannah Arendt;' Origem do Totalitarismo';2012;

Harold Bloom; 'Abaixo as verdades sagradas'; 2012;

Harry Houdini; 'On deception'; 2011;

Heather Couper e Nigel Henbest – Prefácio de Arthur Clark - Larousse; 'A História da Astronomia'; 2009;

Herbert J. Klausmeier; 'Manual de Psicologia Educacional – Aprendizagem e capacidades humanas'; 1977;

Humberto Fontova; 'Fidel - O tirano mais amado do mundo'; 2012;

Ilya Prigogine e Isabelle Stengers; 'A Nova Aliança'; 1984;

Ilya Prigogine; 'From Being To Becoming'; 1980;

Ian Kershaw; 'Hitler'; 2013;

Immanuel Kant; 'Lógica'; 2011;

Immanuel Kant; 'Critica da Razão Pura';;

Jack Milles; 'Deus uma biografia'; 2009;

James Watson; 'DNA – O Segredo da Vida; 2008;

Jean Lefranc; 'Compreender Nietzsche'; 2005;

Jean-Paul Sartre; 'Diário de uma Guerra Estranha'; 1983;

Jerry Eagleton; 'Marxismo e a crítica literária'; 2011;

John Brockman e Katinka Matson; 'As coisas são assim – Pequeno repertório científico do mundo que nos cerca'; 2008;

John Maynard Smith, Eörs Szathmáry; 'As Origens da Vida'; 2007;

Jonathan Hill; 'A História do Cristianismo'; 2009;

Jorge G. Castañeda; 'Che Guevara: a vida em vermelho'; 2009;

Joseph Campbell; 'O Poder do Mito'; 1992;

Joseph Campbell; 'Jornada do Herói'; 2004;

Joseph Campbell; 'As Máscaras de Deus – Vol. 1; 2008;

Joseph Campbell; 'As Máscaras de Deus – Vol. 2; 2009;

Joseph Campbell; 'As Máscaras de Deus – Vol. 3; 2010;

Joseph Campbell; 'As Máscaras de Deus – Vol. 4; 2011;

Judith Rich Harris; ' The Nurture Assumption'; 2009;

Judith Rich Harris; 'Não há dois iguais – Natureza Humana e Individualidade'; 2007;

Kai Buchholz; 'Compreender Wittgenstein'; 2006;

Karen Armstrong; 'Em nome de Deus – O Fundamentalismo no Judaísmo. No Cristianismo e no Islamismo'; 2009;

Karl Marx; 'Miséria da Filosofia'; 2008;

Karl Marx e Engels; 'Manifesto do Partido Comunista'; 2010;

Karl Popper; 'O Mito do Contexto-Em defesa da Ciência e da Racionalidade'; 2009;

Karl Popper; 'A Lógica da Pesquisa Científica'; 2007;

Karl Popper; 'Textos escolhidos'; 2010;

Karl Popper; 'A Sociedade Aberta e seus Inimigos'; -V1- 1998;

Karl Popper; 'A Sociedade Aberta e seus Inimigos'; -V2- 1998;

Laurence Gardner; 'A Origem de Deus'; 2011;

Laurentino Gomes; '1822 – Como um Homem sábio, uma princesa triste e um escocês louco por dinheiro ajudaram D. Pedro a criar o Brasil-um país que tinha tudo para dar errado'; 2010;

Laurentino Gomes; '1808 – Como uma rainha louca, um príncipe medroso e uma corte corrupta enganaram Napoleão e mudaram a História de Portugal e do Brasil'; 2007;

Leandro Narloch; 'Guia Politicamente Incorreto da História do Brasil'; 2011;

Leandro Narloch; 'Guia Politicamente Incorreto da América Latina'; 2011;

Leandro Narloch; 'Guia Politicamente Incorreto da História do Mundo'; 2013;

Leonard Mlodinow; 'Subliminar'; 2013;

Leonard Mlodinow; 'O Andar do Bêbado'; 2012;

Leo Huberman; ' História da Riqueza do Homem – Do Feudalismo ao Século XXI'; 2010;

Liao Yiwu; 'Deus é vermelho'; 2011;

Linda L. Davidoff; 'Introdução á Psicologia'; 1983;

Ludwig Wittgenstein; 'Tractatus Logico-Philosophicus'; 2010;

Ludwig Wittgenstein; 'O Livro Azul'; 2008;

Ludwig Wittgenstein; 'Investigações Filosóficas'; 1994;

Ludwig Wittgenstein; 'Observações sobre a Filosofia da Psicologia'; 2008;

Ludwig Wittgenstein; 'Crepúsculo dos Ídolos'; 2006;

Luigi Luca Cavalli- Sforza; 'Genes, Povos e Línguas'; 2003;

Maomé; Alcorão; 2005;

Marcel Souto Maior; 'Kardec A Biografia'; 2013;

Marcelo Gleiser; 'A dança do Universo'; 2010;

Marcelo Gleiser; 'Criação Imperfeita'; 2010;

Mário Quintana;;;

Mark Ridley; 'Evolução'; 2008;

Martin Cohen; 'Casos Filosóficos'; 2012;

Martin Cohen; '101 Problemas de Filosofia'; 2006;

Martin Cohen; '101 Dilemas Éticos'; 2005;

Marvin Harris; 'Vacas, Porcos, Guerras e Bruxas: Os Enigmas da Cultura'; 1978;

Matt Ridley; 'Genoma'; 2001;

Matt Ridley; 'A Rainha de Copas'; 2004;

Matt Ridley; 'O que nos faz humanos'; 2008;

Matt Ridley; 'The Origins of virtue'; 1996;

Mayana Zatz; 'Genética – Escolhas que nossos avós não faziam'; 2011;

McKeown J.C.; 'O Livro das Curiosidades Romanas'; 2011;

Michel Foucault; 'A coragem da verdade'; 2011;

Michel Onfray; 'Contra-História da Filosofia: 'A Sabedorias Antigas – Vol 1'; 2008;

Michel Onfray; 'Contra-História da Filosofia: O Cristianismo Hedonista – Vol 2; 2008;

Michel Onfray; 'Contra-História da Filosofia: 'Libertinos Barrocos – Vol 3; 2009';

Michel Onfray; 'Contra-História da Filosofia: Os Ultras das Luzes – Vol 4'; 2012;

Michel Onfray; 'Contra-História da Filosofia: Eudemonismo Social – Vol 5'; 2013;

Michel Onfray; 'A Potência de Existir'; 2010;

Michel Onfray; 'El Crepúsculo de um ídolo – La fabulación freudiana'; 2011;

Michel Onfray; 'Tratado de Ateologia'; 2007;

Michael Sandel; 'Justiça: o que é Fazer a Coisa Certa'; 2011;

Michael Sandel; 'O que o Dinheiro Não Compra, e os Limites Morais do Mercado'; 2012;

Michael Shermer, 'Por que as pessoas acreditam em coisas estranhas?';2011;

Michael Shermer, 'Cérebro e Crença'; 2012;

Mikhail Bakhtin; 'O Freudismo'; 2012;

Miguel Nicolelis; 'Muito além do nosso eu'; 2011;

Mircea Eliade, Ioan P. Couliano; 'Dicionário das Religiões'; 2009;

Mircea Eliade; 'História das crenças e das ideias Religiosas*III – de Maomé á Idade das Reformas'; 2011;

Mircea Eliade; 'História das crenças e das ideias Religiosas*II – De Gautama Buda ao Triunfo do Cristianismo'; 2011;

Mircea Eliade; 'História das crenças e das ideias Religiosas*I – Da Idade da Pedra aos Mistérios de Elêusis'; 2010;

Norbert Elias; 'O Processo Civilizador- Formação do Estado e Civilização - V2'; 1993;

Norbert Elias; 'O Processo Civilizador – Uma História dos Costumes - V1'; 2011;

Norman Golb; 'Quem Escreveu os Manuscritos do Mar Morto?'; 1996;

Oliver Sacks; 'A Mente Assombrada'; 2013;

Oliver Sacks; 'O Olhar da Mente'; 2010;

Oliver Sacks; 'Enxaqueca'; 2010;

Oliver Sacks; 'Tempo de despertar'; 1973;

Oliver Sacks; 'Com uma perna só'; 1984;

Oliver Sacks; 'O homem que confundiu sua mulher com um chapéu'; 2011;

Oliver Sacks; 'Vendo vozes: Uma viagem ao mundo dos surdos'; 2010;

Oliver Sacks; 'Um antropólogo em Marte'; 2011;

Oliver Sacks; 'A ilha dos daltônicos'; 2010;

Oliver Sacks; 'Tio Tungstênio: Memórias de uma infância química'; 2011;

Oliver Sacks; 'Alucinações Musicais'; 2012;

Oxford University, 'Dicionário Filosófico'; 1997;

Pablo Neruda;;;

Paul Veyne; 'Quando o nosso mundo se tornou cristão'; 2009;

Paulo Dalgalarrondo; 'Evolução do cérebro'; 2011;

Pedro Paulo Funari; 'As Religiões que o Mundo esqueceu'; 2009;

Peter Gay; 'Freud – Uma vida para o nosso tempo'; 1998;

Philip J. Davis e Reuben Hersh; 'O Sonho de Descartes'; 1988;

Pierre Clastres; 'Arqueologia da Violência'; 2004;

Plínio Junqueira Smith e Waldomiro Silva Filho; 'Ensaios sobre o ceticismo'; 2007;

Platão; 'A República'; 2012;

Ramachandran, V.S.; 'Fantasmas no Cérebro: uma investigação dos mistérios da mente humana'; 1998;

Richard Dawkins, 'O Gene Egoísta'; 2010;

Richard Dawkins, 'O Capelão do Diabo'; 2005;

Richard Dawkins, 'O Relojoeiro Cego'; 2001;

Richard Dawkins, 'Deus um Delírio'; 2007;

Richard Dawkins, 'O Maior Espetáculo da Terra'; 2009;

Richard Dawkins; 'A Magia da Realidade; 2012;

Richard Dawkins; 'A Grande História da Evolução'; 2009;

Richard Feynman; 'Lições de Física; 2006;

Richard Feynman; 'Física em Sete Lições'; 2007;

Richard Feynman; 'Lectures on Physics, 3 Vols – The Complete and Definitive Issue; 2005;

Roberts J.M.; 'O Livro de Ouro da História do Mundo'; 1998;

Robert Matthews; '25 Grandes idéias – Como a ciência está transformando nosso mundo'; 2008;

Rogerson J.W.; 'O Livro de Ouro da Bíblia'; 2002;

Santo Agostinho; 'Confissões'; 2002;

São Tomás de Aquino; 'Summa Theologica'; 2007;

Sam Harris; 'Carta a uma Nação Cristã'; 2007;

Sam Harris; 'O Fim da Fé'; 2007;

Sam Harris; 'A Paisagem Moral; 2013;

Samuel Noah Kramer; 'A História começa na Suméria'; 1997;

Sam Kean; 'O polegar do violinista'; 2012;

Sarah Bartlett; 'A Bíblia da Mitologia'; 2011;

Sergio M. Pagani, Antônio Luciani; 'Os Documentos do Processo de Galileu Galilei'; 1994;

Shlomo Sand; 'A Invenção do Povo Judeu'; 2011;

Siddharta Gautama; 'A Doutrina de Buda'; 2007;

Sigmund Freud; 'A Interpretação dos Sonhos'; 1997;

Sigmund Freud com os comentários de James Strachey; 'Estudos sobre a histeria: Josef Breuer e Sigmund Freud - 1893-1895'; 1996;

Sigmund Freud; 'O mal-estar na civilização'; 2011;

Sigmund Freud; 'Totem e Tabú'; 1998;

Sofia Vanni Rovighi; 'História da Filosofia Contemporânea – do século XIX a neoescolástica'; 2004;

Stephen Hawking e Leonard Mlodinow; 'O Grande Projeto';

Stephen Hawking; 'O Universo numa casca de noz'; 2002;

Stephen Jay Gould; 'A galinha e seus dentes'; 1992;

Stephen Jay Gould; 'A falsa medida do homem'; 2003;

Stephen Jay Gould; 'O Polegar do Panda'; 2004;

Stephen Jay Gould; 'Darwin e os Grandes Enigmas da Vida'; 1999;

Stephen Jay Gould; 'A montanha de Moluscos de Leonardo da Vinci'; 2003;Stone; ' O julgamento de Sócrates'; 2007;

Steven Pinker; 'O instinto da Linguagem – Como a mente cria a linguagem'; 2004;

Steven Pinker; 'Como a Mente Funciona'; 2007;

Steven Pinker; 'Tábula Rasa: a negação contemporânea da natureza humana'; 2002;

Steven Pinker; 'Do que é feito o pensamento: A língua como janela para a natureza humana'; 2008;

Steven Pinker; 'Os Anjos Bons de Nossa Natureza: Porque a Violência Diminui'; 2011;

Susan Blackmore; 'Conversaciones sobre la conciencia'; 2010;

Tereza Rodrigues Vieira, Luiz Airton Saavedra de Paiva; 'Identidade Sexual e Transexualidade'; 2009;

Thomas Bulfinch; 'O Livro de ouro da Mitologia – Histórias de Deuses e Heróis'; 2007;

Thomas More; 'A Utopia'; 2006;

Toby Green; 'Inquisição – O Reinado do Medo'; 2011;

Tzvetan Todorov; 'Os Inimigos Íntimos da Democracia'; 2012;

Umberto Eco; 'O Nome da Rosa'; 1980;

Umberto Eco; 'O Pêndulo de Foucalt'; 1988;

Umberto Eco; 'Como se faz uma tese'; 2010;

Umberto Eco; 'A História da Beleza'; 2006;

Umberto Eco; 'A História da Feiura'; 2007;

Umberto Eco; 'O Cemitério de Praga'; 2011;

Umberto Eco; 'Kant e o ornitorrinco'; 1997;

Umberto Eco; 'Cinco escritos morais'; 1997;

Umberto Eco; 'Entre a mentira e a ironia'; 1998;

Umberto Eco; 'A estrutura ausente'; 1968;

Umberto Eco; 'As formas do conteúdo'; 1971;

Umberto Eco; 'Mentiras que parecem verdades'; 1972

Umberto Eco; 'O super-homem de massa'; 1978;

Umberto Eco (co-autoria de Carlo Maria Martini); 'Em que creem os que não creem?'; 1999;

Umberto Eco; 'A ilha do dia anterior'; 1994;

Umberto Eco; 'Baudolino'; 2000;

Umberto Eco; 'A misteriosa chama da rainha Loana'; 2004;

Vários; 'A Evolução – Cartas seletas de Charles Darwin 1860-1870'; 2009;

Vários, 'Bíblia Sagrada'; 1993;

Vários; 'O livro negro da psicanálise – Viver e pensar melhor sem Freud'; 2011;

Vários; 'O Livro Negro do Comunismo';;

Vários; 'O Livro da Filosofia'; 2011;

Vários; 'O Livro da Psicologia'; 2012;

Vários; 'Truques da mente'; 2010;

Vários; 'Pensamento de Sócrates – Homem, conhece –te a ti mesmo'; 2005;

Vários; 'Fundamentos da Neurociência e do Comportamento'; 2000;

Vários; 'Psicologia Social Contemporânea'; 1998;

Vários - Jacopo Fo, Sergio Tomat, Laura Malucelli; 'O Livro Negro do Crsitianismo – Dois Mil Anos de crimes em nome de Deus'; 2007;

Vários; ' Mitologia'; 2007;

Vários; Dicionário Houaiss; 2009;

Victor Hellern, Henry Notaker, Jostein Gaarderr; 'O Livro das Religiões'; 2002;

Voltaire; 'Dicionário Filosófico'; 2006;

Xavier Rubert de Ventós; 'Deus entre outros inconvenientes'; 2011;

William James; 'A vontade de crer'; 2001;

William James; 'As Variedades da Experiência Religiosa: Um Estudo sobre a Natureza Humana'; 2007;

William James; ' Pragmatismo'; 2006;

William Shakespeare; 'Hamlet'; 2010;

William Shakespeare; 'Macbeth'; 2012;

www.ingramcontent.com/pod-product-compliance
Lightning Source LLC
Chambersburg PA
CBHW021412210526
45463CB00001B/337